사악한
식물들

사악한
식물들
WICKED
PLANTS

링컨의
어머니를
죽인 풀과
그 외의
잔혹한
식물들

**Amy
Stewart**
에이미 스튜어트

조너선 로젠
그림

조영학
옮김

글항아리

First published in the United States under the title: WICKED PLANTS: The
Weed That Killed Lincoln's Mother & Other Botanical Atrocities
Copyright © 2009 by Amy Stewart
All rights reserved.
This Korean edition was published by Geulhangari Publishers in 2021 by
arrangement with Algonquin Books of Chapel Hill, a division of Workman Publishing
Company, Inc., New York through KCC(Korea Copyright Center Inc.), Seoul.

Design by Anne Winslow, with thanks to Jean-Marc Troadec
Cover Design by Alvaro Villanueva

이 책은 (주)한국저작권센터(KCC)를 통한 저작권자와의 독점계약으로 글항아리에서
출간되었습니다. 저작권법에 의해 한국 내에서 보호를 받는 저작물이므로 무단전재와
복제를 금합니다.

To PSB

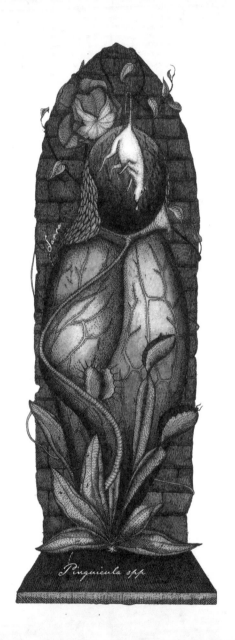

Pinguicula spp

그의 눈에 공명해 행여 앙심을 품으면 이 땅은
독초들을 내세워 그를 환영하지 않을까? (…)
그가 갑자기 땅속으로 꺼져 시꺼먼 불모의 흔적을
남기면, 세월이 지나 그 자리에 벨라돈나, 옻나무,
사리풀처럼 사악한 식물들이 기후에 따라 자라지
않을까? 무시무시한 생식능력으로 뻗어 나가는
독초들이?

너새니얼 호손, 『주홍글씨』

차례

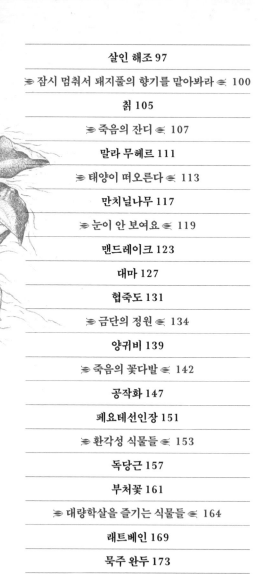

어디에나
위험은 도사리고 있다

나무 한 그루가 사방에 독 단검을 뿌려댄다. 검붉은 씨앗을 먹고 심장이 멎는다. 관목 한 그루가 끔찍한 통증을 일으키고 덩굴에 중독되기도 한다. 나뭇잎 하나가 평지풍파를 일으킨다. 이렇듯 식물 왕국에는 끝도 없이 악마들이 숨어 있다.

　너새니얼 호손은 1844년의 단편소설 『라파치니의 딸』에서 어느 늙은 의사의 이야기를 들려준다. 소설 속에서 그는 담장 안에 독초 정원을 만든 의사에 대해 "그는 관목과 덩굴이 뿜어대는 사악한 기운 사이를 마치 야수나 치명적인 독사, 악령처럼 어슬렁거렸다. 잠시나마 방심이라도 했다면 독초들은 결국 그를 덮쳐 치명상을 입혔을 것이다"라고 묘사한다. 소설의 주인공인 조반니도 창밖으로 그 광경을 내려다보며 "정원을 가꾸는 사람이 어찌 저렇게 위태로울까? 원예야말로 제일 소박하고 순수한 활동이 아닌가?" 하고 혼란에 빠졌다.

순수하다? 조반니는 창밖의 무성한 식물들을 그렇게 봤다. 보통 우리도 정원이나 야생식물을 대부분 그런 눈으로 인식하지 않을까? 남이 버린 커피를 주워 들고 내용물을 마시지는 않아도, 도보여행 중 낯선 장과漿果를 만나면 우리는 마치 기다리듯 돋아난 풀이나 열매를 살짝 깨물어 먹는다. 친구의 선물이라면 처음 보는 껍질과 잎으로도 거리낌 없이 차를 끓인다. '자연의 산물이잖아? 무슨 해가 있겠어?'라고 생각하며 말이다. 아기를 보호하기 위해 집 안 콘센트에 안전커버를 씌우면서도 부엌의 화분 속 식물이나 현관문 옆 관목 따위는 아예 신경도 쓰지 않는다. 그러나 실제로 콘센트 때문에 다치는 사람은 연간 3900명뿐이지만 식물에 중독되는 사람은 무려 6만8847명에 달한다는 사실을 알기나 할까?

투구꽃의 푸른 꽃은 독성이 강해 질식사를 유발하지만 키우는 것 정도는 별문제 없다. 코요티요 열매는 치명적인 마비를 불러오지만 여행 도중에 알아차리지 못하고 지나칠 수 있다. 하지만 언젠가 식물 왕국은 우리에게 마수를 뻗칠 것이며 그때가 되면 각오를 단단히 해야 할 것이다.

독자들에게 겁을 줘서 아예 밖에 나가지 못하게 하려고 이 책을 쓰는 것은 아니다. 오히려 그 반대다. 자연과 시간을 보내면 여러모로 좋다. 그것만큼은 분명하다. 다만 동시에 자연의 힘도 이해해야 한다. 내가 사는 곳은 캘리포니아 북부의 거친 해안이라, 매해 여름이면 태평양 뱀이 기어올라와 휴식 중인 가족의 생명을 노린다. 이곳에 사는 사람이라면 누구나 아는 사실이지만 소위 말해, 죽음의 파도는 예고 없이 사람의 목숨을 앗아가곤 한다. 나는 바닷가를 사랑하지만 절대 바다를 등지고 앉지 않는다. 마찬가지로 식물들 역시 조심해서 대해야 한다. 식물은 식량도, 약도 되지만 언제든 여러분을 멸망으로 이끌 수 있기 때문이다.

어떤 식물에는 아주 극악한 이야기가 담겨 있다. 에이브러햄 링컨의 어머니를 죽인 풀도 있고 미국에서 가장 유명한 조경가, 프레데릭 로 올름스테드는 관목 때문에 장님이 될 뻔했다. 루이스와 클라크 탐험대는 화초 구근을 먹고 병에 걸렸으며, 소크라테스도 독당근에 목숨을 잃었다. 가장 사악한 풀인 담배는 심지어 9000만 명의 삶을 앗아가지 않았던가? 컬럼비아와 볼리비아에 코카나무 숲이 있는데 그 때문에 전 세계가 마약 전쟁으로 몸살을 앓는다. 심지어 고대 그리스인은 헬레보어를 사용하여 역사상 가장 오래된 화학 전쟁을 일으키기도 했다.

매우 포악한 식물들에 대해서도 알아둘 필요가 있다. 남미의 칡은 자동차와 건물을 집어삼키고, 살인 해조로 유명한 해초는 모나코의 자크 쿠스토 수족관을 탈출해서 전 세계 해안을 잠식시키고 있다. 끔찍한 시체꽃에서는 송장 냄새가 나며, 식충식물 네펜테스 트룬카타는 쥐를 삼킬 수 있다. 휘파람가시나무는 포악한 개미군단을 모아서 누군가 나무 가까이 접근하면 공격하게 한다. 그뿐만 아니라 식물 왕국 바깥에서 오는 몇몇 침입자들, 예를 들어 독버섯, 유독 조류도 사악한 것으로 따지자면 식물 못지않다.

이 책을 재미 삼아서 읽어도 좋고 식물의 위험에 대한 경고로 받아들여도 좋다. 어느 쪽이든 난 할 일을 다 한 셈이다. 나는 식물학자도, 과학자도 아니다. 그저 자연 세계에 매료된 작가이자 원예가에 가깝다. 여기

수록한 식물들은 세상에서 가장 매혹적이고 사악한 친구들이다. 하지만 주변에서 식물로 인한 중독 사고가 발생했다고 이 책에서 증상이나 처방을 찾아보려 시간 낭비할 필요는 없다. 이 책에서는 여러 가지 독으로 인한 증세에 관해 설명하기도 하지만 사실 그 증세란 식물의 크기, 시간, 기온, 해당 식물의 부위, 복용 방식에 따라 완전히 달라질 수 있다. 직접 추측해보려 애쓰지도 말자. 그보다 119나 사설 구급차를 부르든지 아니면 즉시 병원에 가야 한다.

　마지막으로 낯선 식물을 만나면 우습게 여기거나 장난치지 말 것을 당부하고 싶다. 화단에 들어갈 때는 반드시 장갑을 착용하고, 오지를 걷다가 열매를 따 먹거나, 국에 식물 뿌리를 넣을 때는 다시 한번 잘 생각해보자. 특히 어린아이들에게는 어떤 식물이든 함부로 입에 넣지 말라고 가르쳐야 한다. 또한 반려동물 주변에는 독초를 두지 않는 편이 좋다. 육아 산업은 독초를 구분하는 교육에 대해서는 비참할 정도로 취약하다. 원예점에서도 어떤 식물이 유해한지 정확하고 합리적인 표시를 할 필요가 있다. 유독식물, 의료용 식물, 식용식물을 구분하고 싶다면 믿을 만한 자료를 참고하는 것이 중요하다.(인터넷에는 잘못된 정보가 너무 많아서 자칫 큰 문제를 낳을 수 있다.) 이 책에 독초를 수록한 이유는 독초의 종류를 알리기 위해서가 아니라 경고하기 위해서다.

　솔직히 고백하자면 나는 식물 왕국의 범죄 요소에 매료됐다. 나는 선한 악당을 사랑한다. 가든 쇼 전시관에 놓인, 부식성 수액으로 피부 발진을 유발하는 청산호든, 사막에서 개화하는 환각성 밤메꽃인 세겹독말풀이든 어떤 식물이든지 다 좋다. 그들과 작은 비밀을 나누는 것도

매혹적이다. 다만 그 비밀이 저 머나먼 밀림에만 있다고 생각하지는
말자. 지금 여러분 뒤뜰에서도 자라고 있을지 모르니까.

투구꽃

Aconite

ACONITUM NAPELLUS

1856년, 스코틀랜드 딩월 마을의 어느 디너파티에서 참극이 발생했다. 서양고추냉이horseradish가 부족해 하인을 보냈더니 투구꽃을 캐온 것이다. 요리사도 식자재가 다르다는 사실을 인지하지 못하고 갈아서 구이용 소스로 사용했고 그만 손님 2명이 그 자리에서 목숨을 잃었다. 다른 손님들도 배앓이를 했으나 다행히 목숨은 건졌다.

과科:	미나리아재비과
서식지:	습하고 비옥한 지대, 온대성 기후
원산지:	유럽
이명:	늑대의 독wolfswane, 마법사의 모자monkshood, 표범독leopard's bane

오늘날에도 투구꽃은 종종 식용식물로 오해를 받곤 한다. 이 튼튼하고 키 작은 다년초는 유럽과 미국의 화단과 야생에서 만날 수 있다. 파란색 꽃차례가 투구나 후드처럼 생긴 탓에 투구꽃이라는 이름을 얻었다. 투구꽃은 식물 전체가 맹독성이다. 이 꽃을 다룰 때는 장갑을 착용하고 당근 모양의 흰색 뿌리는 절대로 건드리지 말아야 한다. 캐나다 배우 안드레 노블은 2004년에 도보여행을 하다 투구꽃을 접하고 그 독의 중독으로 사망했다.

아코니틴이라는 이름의 이 독성 알칼로이드는 신경을 마비시키고 혈압을 낮추어 결국 심장을 멈추게 한다.(알칼로이드는 유기화합물이며 사람이나 동물에 약리학적 영향을 미친다.) 이 식물의 줄기나 뿌리를 복용하면 심한 구토에 시달리다 질식사할 수 있다. 피부에 살짝 스치는 것만으로도 마비, 가려움증, 심장병을 유발한다. 나치 과학자들은 투구꽃의 강력한 독성을 독 총알 제조에 이용하기도 했다.

그리스 신화에서는 헤라클레스가 지하 세계인 하데스로 들어가 머리 달린 개, 케르베로스를 끌어내는데 그 개의 침에서 치명적인 투구꽃이 피어났다. 신화에서는 '늑대의 독wolfsbane'이라는 별명으로도 불렸는데, 이는 고대 그리스 사냥꾼들이 늑대를 사냥할 때 미끼와 화살 독으로 사용했기 때문이다. 또한 중세에는 마녀들의 물약으로도 이름이 높았다. 『해리포터』 시리즈에서도 스네이프 교수가 투구꽃을 우려 리무스 루핀이 늑대인간으로 변신하도록 도와줬다.

관련 식물 투구꽃에는 파랗고 흰 꽃을 피우는 아코니툼 카마룸Aconitum cammarum, 델피니움과 비슷하게 생긴 아코니툼 카르미카일리Aconitum carmichaelii, 주로 늑대의 독으로 불리는 아코니툼 리콕토눔Aconitum lycoctonum 이 있다.

화살 독

남미와 아프리카 원주민들은 수백 년간 유독
식물을 화살 독으로 이용했다. 열대
식물 덩굴의 유독한 수액을
화살촉에 발라 전사와
사냥꾼의 강력한 무기를
만들었던 것이다. 열대
덩굴인 쿠라레를 비롯한
화살 독은 인체에 마비를
일으킨다. 폐가 활동을 멈추고
심장박동도 정지되고 말지만, 대개
겉으로는 통증의 징후가 드러나지 않는다.

쿠라레 CURARE   *Chondrodendron tomentosum*

억센 목본성 덩굴이며 남미 전역에서 찾아볼 수 있다. 쿠라레에 함유된 d-투
보쿠라린이라는 강력한 알칼로이드는 근육이완제로 유명하다. 사냥감을 빠
르게 마비시키고 나무의 새들까지 떨어뜨릴 수도 있어 사냥꾼들이 즐겨 찾는
다. 쿠라레 화살로 잡은 사냥감은 먹어도 안전하다. 소화기관과는 상관없이
오직 혈류에 직접 유입될 때만 그 독성이 발현되기 때문이다.

쿠라레에 의한 마비가 호흡기관에 이르면 사망에 이르는데 그때까지 몇 시간
이 걸린다. 동물 실험 결과에 의하면, 쿠라레 중독으로 호흡이 멈춰 사망한 것
처럼 보이는 상황에서도 심장박동은 한동안 이어진다.

이 약물의 위력은 19세기와 20세기에도 이어져, 의사들은 쿠라레의 성분을 수술에 활용했다. 비록 통증을 완화하지는 못해도 환자를 꼼짝하지 못하게 하는 마취 효능이 있어 수술에 집중할 수 있기 때문이다. 인위적으로 호흡을 유지시키고 폐가 정상적으로 기능하게 수술을 진행하면, 나중에 쿠라레 성분은 약화하고 장기적인 부작용도 남지 않는다. 20세기 들어서도 다른 마취제와 함께 쿠라레 추출액을 사용했으나 지금은 더 나은 신약이 그 자리를 대신하고 있다.

'쿠라레'라는 단어는 다음과 같은 식물에서 추출한 화살 독을 포괄적으로 가리키는 의미로 쓰이고 있다.

스트리크닌 덩굴 STRYCHNINE VIEN _Strychnos toxifera_

남미 원산이며 식물분류학상 스트리크닌나무Strychnos nux-vomica와 아주 가깝다. 쿠라레처럼 마비를 유발하는데 실제로도 이 둘을 배합하여 사용하는 일이 많았다.

콤베 KOMBE _Strophanthus kombe_

아프리카 토종 덩굴로, 이 식물에 함유된 강심배당체는 직접 심장에 작용하므로 많이 섭취할 경우 심장이 멎을 수 있다. 다만 추출물은 강심제로도 기능해 심부전이나 부정맥을 치료하는 데 쓰인다. 19세기의 식물연구가 존 커크 경은 콤베 표본을 돌려주기 위해 큐Kew에 위치한 왕립식물원을 찾았다가 어느 의학실험에 우연히 참여하게 됐다. 그때 잘못하여 그 추출액이 조금 묻은 칫솔로 양치를 했는데 맥박이 급속도로 떨어졌다고 한다.

우파스나무 UPAS TREE   *Antiaris toxicaria*

뽕나무과에 속하며 중국과 아시아 일부 지역이 원산지다. 우파스나무는 껍
질과 잎에서 강한 독성의 수액을 만들어낸다. 찰스 다윈의 조부인 에라스무
스의 주장에 따르면, 이 나무 향기만으로 주변 수 킬로미터 이내 어떤 동물이
든 죽일 수 있다고 한다. 그의 주장은 증명된 바가 없으나 찰스 디킨스, 바이
런, 샬럿 브론테의 저서를 통해 우파스나무의 유독한 향에 대한 언급을 찾아
볼 수 있다. 도로시 세이어즈는 소설 속에서 연쇄 살인마를 '우파스나무의 사
촌'이라고 묘사하기도 했다. 화살 독에 사용되는 식물들이 그렇듯 우파스나
무 수액에도 강력한 알칼로이드가 들어 있어 심장을 멈추게 할 수 있다.

독화살나무 POISON ARROW PLANT   *Acokanthera* spp.

이 나무의 쓰임새에 아주 적절한 이름이다. 남아프리카 원산의 관목으로 이
식물 역시 심장에 타격을 줘서 죽인다. 일부 문헌에 실린 바로는 이 수액을 남
가새Tribulus terrestris의 뾰족한 종자에 묻히는 아주 기발한 방법을 사용했다
고 한다. 이 종자는 못처럼 뾰족한 다리가 아래로 달리고, 한 다리만 위로 쑥
올라온 마름쇠라는 무기처럼 단단한 형태로 자란다. 그래서 로마 시대 이후,
전투에서 이 식물의 형상을 딴 금속무기를 진군하는 적군의 길목에 깔아둬
사용하곤 했다. 그렇게 이 독화살나무Acokanthera 수액을 남가새 씨앗에 발라
적군이 가는 길에 던져두면 이들의 발을 통해 독을 쉽게 주입할 수 있다. 그
러면 1~1.5센티미터의 긴 가시로 인해 두 발이 묶이고 진군 속도는 크게 느려
진다.

아야와스카 덩굴 *Ayahuasca Vine*

BANISTERIOPSIS CAPPI

&

차크루나 *Chacruna*

PSYCHOTRIA VIRIDIS

미국 소설가 윌리엄 버로스는 밀림에서 아야와스카 차를 마시고 시인인 앨런 긴즈버그에게 자신이 발견한 사실을 알려줬다. 소설가 앨리스 워커, 여행 작가 폴 서룩스, 싱어송라이터인 폴 사이먼과 스팅도 아야와스카를 구하려 애를 썼다. 지금까지 아야와스카는 특허분쟁, 대법원 사건, 마약 단속에 수없이 이름이 오르내렸다.

BANISTERIOPSIS CAPPI	
과:	말피기아과
서식지:	남미 열대우림
원산지:	페루, 에콰도르, 브라질
이명:	야게yage, 카피caapi, 나템natem, 다파dapa

이 덩굴 껍질을 차크루나 잎과 함께 끓이면 아야와스카(일명, 호아스카)라는 이름의 강력한 효능의 차를 만들 수 있다. 차크루나는 강력한 향정신성 약물이자 스케줄 I*에 의거한 통제를 받는 디메틸트립타민

---

* 미국은 통제물질 관리법에서 마약류 남용을 우려하여, 정신적 및 신체적 의존성 정도에 따라 Schedule I, II, III, IV, V로 분류하고 각 항목에 해당하는 마약류를 명시하고 있다. Schedule I은 남용 가능성이 크고 안전성을 인정받지 못해 의학 치료용으로도 사용할 수 없다.

PSYCHOTRIA VIRIDIS

과: 꼭두서니과
서식지: 아마존 하류,
          남미 일부 지역
원산지: 브라질
이명: 차크로나chacrona

(DMT)을 함유하고 있지만, 잎은 아야와스카 덩굴Banisteriopsis caapi로 활성화해야 효과를 얻을 수 있다. 아야와스카 덩굴은 자연 발생의 모노아민산화효소 억제제를 포함하는데 이는 항우울제 처방약의 합성물과 유사하다. 두 식물을 섞어야만 향정신성 경험이 가능해진다.

아야와스카 차를 사용하는 종교집단 중 가장 유명한 곳이 '우니앙 도 베제탈UDV, União do Vegetal'이다. 대개 몇 시간씩이나 이어지는 의식을 경험이 풍부한 교회 원로가 엄격하게 감시한다. 신도들은 '어둠의 존재들이 스쳐 지나가고, 잔뜩 똬리를 튼 채 엉켜 식식거리는 뱀들과 불 뿜는 용, 비명을 지르는 인간과 비슷한 형체들'이 나오는 식의 기이한 환각을 경험한다.

신도들은 의식이 끝나면 대개 심한 구토에 시달리는데, 그들은 이 증상을 일종의 심리 질환의 개선이나 마귀가 정화됐다는 증거로 여긴다. 의식에 참여한 신도의 말에 의하면, 구토를 통해 우울증을 해소하고 중독이나 다른 의학적 증상들까지 치료했다고 한다. 물론 여기에 의학적 근거는 거의 없으나 아야와스카가 항우울제 처방약과 유사하다는 사실에 관심을 보인 몇몇 연구자들은 이에 대한 정밀조사 필요를 제기한 적도 있다.

아야와스카 차는 위스키와 진 제조회사 시그램의 재벌 창립주 제프리 브론프먼의 관심도 끌었다. 그는 미국에 UDV 교회 지국을 설립한

후, 이 차를 수입하기 시작했다. 1999년, 수입한 화물을 미국 세관원에게 빼앗겼지만 소송을 걸어 돌려받았다. 이 사건은 대법원까지 올라갔다가 마침내 2006년에 법원은 그의 손을 들어줬다. 다시 말해, 아야와스카 차의 종교적 사용을 허용한 것이다. 해당 판결은 미국 종교자유회복법에 기초했는데, 이는 초기 대법원이 페요테선인장의 종교적 사용을 금하자 의회가 그 반발로 통과시킨 법이다. 뉴스 보도에 의하면, 센트로 에스피리타 베네피센테 우니앙 도 베제탈 교회의 신도 130명은 산타페에 있는 브론프먼 저택에서 모임을 연다고 한다. 그러나 아야와스카를 비롯하여 DMT를 함유한 식물을 비종교적으로 사용할 경우, 미국 마약단속국(DEA)도 이를 법적으로 허용하지 않는다.

➳ 관련 식물 ≈ 아야와스카 덩굴Banisteriopsis caapi처럼 꽃이 피는 관목과 덩굴은 주로 남미나 서인도에서 만날 수 있다.

➳ 관련 식물 ≈   차크루나Psychotria viridis는 커피과이며 기나나무, 독성 지표식물인 서양선갈퀴sweet woodruff가 이에 속한다. 서양선갈퀴는 메이 와인may wine의 향을 내는 재료이기도 하다. 같은 성질의 강력한 효능을 가진 덩굴이라면 토근Psychotria ipecacuanha이 있는데, 여기서 식물 중독 해독제인 토근액을 추출한다.

빈랑자
Betel Nut
ARECA CATECHU

빈랑야자는 키가 약 10미터에 달하며 나무줄기는 암녹색에 매우 가늘다. 윤기가 흐르는 짙은 색 잎사귀가 돋아나 있고, 열대우림다운 향기를 풍기는 예쁘장한 흰 꽃들을 피운다. 이 야자나무의 열매인 빈랑자가 바로 중독성 흥분

과:	종려과
서식지:	열대우림
원산지:	말레이시아
이명:	베틀 팜betel palm, 아레카areca, 피낭pinang

제다. 빈랑자를 씹으면 치아가 까맣게 변색하고 침도 빨갛게 물든다. 현재 전 세계 수억 명이 이 열매를 먹고 있다.

빈랑자를 씹는 관습의 역사는 수천 년 전으로 거슬러 올라간다. 기원전 7000년에서 기원전 5000년 사이의 빈랑자가 태국의 동굴에서 발굴됐으며, 필리핀에서 발견된 기원전 2680년의 것으로 추정되는 두개골의 이는 빈랑자의 즙으로 변질된 채였다.

코카와 마찬가지로 뺨과 잇몸 사이에 빈랑자를 넣고 씹는데, 제대로 효과를 발휘하려면 다른 추가 성분을 함께 섞어야 한다. 인도에서는 절편으로 썬 빈랑자에다가 소석회(재에서 추출한 수산화칼슘), 약간의 인

도 향신료, 혹은 담배까지 넣고 이를 신선한 빈랑 잎으로 감싼다. 이 바깥 포장으로 쓰는 빈랑 잎은 베틀 후추Piper betle 잎을 사용하는데, 베틀 후추는 키 작은 다년생 식물로 잎은 흥분제로 쓰인다. 실제로 빈랑야자라는 이름도 관련도 없는 듯하면서도 상호의존적 효과를 가진 이 식물에서 비롯됐다.

이 열매와 잎으로 된 한 세트를 '퀴드quid'라고 부르는데, 맛이 쓰고 알싸하며 니코틴과 비슷한 알칼로이드를 방출한다. 퀴드를 씹으면 기분이 들뜨고 가벼운 도취감까지 들지만, 감당이 안 될 정도로 침이 흐르는 바람에 종종 당사자를 당혹스럽게 할 정도다.

빈랑자를 씹으면 입에서 계속 붉은 침이 흘러내리는데 이를 막는 방법은 하나뿐이다. 침을 죄다 뱉어내는 것이다(삼키면 구역질이 난다). 그래서 빈랑자 씹기를 즐기는 나라의 대개 길거리는 붉은 침으로 진 얼룩이 가득하다. 역겹다고? 그럼 시인이자 수필가, 스티븐 파울러의 빈랑자 씹기에 대한 묘사를 들어보라. "침샘이 완전히 열리면 오르가슴에 가까운 흥분이 치밀고 올라온다. 가장 기막힌 순간은 씹고 난 후에 온다. 빈랑자을 씹고 나면 입안이 놀랍도록 상쾌하고 향기롭기까지 하다. 게다가 희한하게 기분마저 정화된 것을 느낀다."

인도, 베트남, 파푸아뉴기니, 중국, 대만에 걸쳐 많은 사람이 빈랑자를 즐긴다. 그래서 이들 나라의 정부에서는 거의 알몸으로 길가에 서서 트럭운전사들에게 빈랑자를 파는 소위 '빈랑 미녀들'을 단속하느라 진땀을 흘린다.

빈랑자는 중독성도 강하지만(금단증상으로 두통과 식은땀이 있다), 상습적으로 씹으면 구강암 위험이 증가하고 천식과 심장질환까지 발생할 수 있다. 하지만 세계 어디에서도 사용을 금하지 않는 탓에 정부 보건 기관들은 건강에 해롭기는 담배 못지않은 빈랑자 복용에 골머리를 썩이고 있다.

✎ 관련 식물 ✎ 빈랑속屬에 포함된 50여 종의 야자나무 중 빈랑야자가 제일 잘 알려져 있다. 빈랑자와 함께 사용되는 베틀 후추는 흑후추의 원재료인 피페르 니그룸Piper nigrum, 그리고 식물성 영양제 카바kava의 원료인 피페르 메티스티쿰Piper methysticum과 관계가 있다.

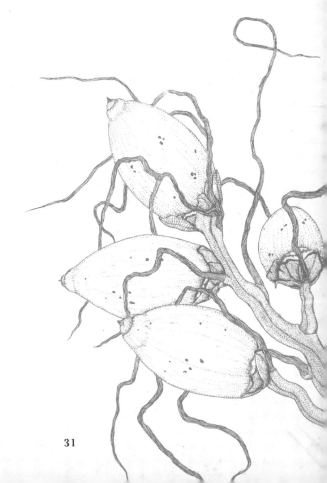

피마자
Castor Bean
RICUNUS COMMUNIS

공산주의 망명자이자 BBC 기자인 게오르기 마르코프는 1978년 어느 가을 아침, 런던의 워털루 다리를 건너가 버스정류장에 서서 버스를 기다리고 있었다. 그런데 허벅지 뒤쪽이 따끔해 돌아보니 한 남자가 우산을 집어 들더니 중얼중얼 사과하면서 그대로 달아나

과:	대극과大戟科
서식지:	따뜻하고 온화한 겨울 기후, 비옥한 토양, 햇살이 잘 드는 지역
원산지:	동아프리카, 서아시아 일부
이명:	아주까리palma christi, 리신ricin

버렸다. 며칠 후, 그는 고열과 함께 말도 잘 나오지 않았다. 급기야 피까지 토하며 병원에 실려 갔으나 그곳에서 목숨을 잃고 말았다.

부검 결과, 신체 기관 대부분에 출혈이 일어났음이 밝혀졌다. 시신 허벅지에서 작게 찔린 상처와 미세한 금속탄환이 발견됐는데, 거기에는 피마자의 유독성 추출물인 리신이 묻어 있었다. KGB(소련 국가보안위원회) 요원들이 용의자로 지목됐지만 이 악명 높은 '우산 살인'으로 기소된 이는 없었다.

피마자는 독특한 생김새의 한해살이풀 혹은 내한성이 약한 여러해

살이풀인데, 손가락처럼 깊게 갈라진 잎과 바늘투성이 꼬투리, 얼룩덜룩한 씨앗이 특징이다. 대중적인 원예 품종의 경우, 줄기가 붉고 잎에는 붉은 반점이 가득하다. 3미터가 넘게 자라며 겨울 혹한에 말라 죽지 않으면 무성한 수풀로 자라기도 한다. 독성이 있는 부위는 씨앗뿐이다. 씨앗 서너 개면 사람도 죽을 수 있지만 피마자 중독으로 죽는 경우는 거의 없다. 잘 씹히지 않는 데다 곧바로 바깥으로 배설되기 때문이다.

피마자기름은 오랜 세월 동안 가정상비약으로 인기가 높았다.(리신 성분은 제조 과정에서 제거된다.) 이 기름 한 숟갈은 설사약으로도 효능이 뛰어나며, 피부에 바르면 근육통과 염증 개선에도 효과가 좋다. 그뿐만 아니라 화장품을 비롯한 제품들의 성분으로 사용되기도 한다.

하지만 이 천연 식물성 기름도 늘 좋게만 사용되지는 않았다. 1920년대 무솔리니의 파시스트 폭력배들은 반체제 인사들을 붙잡아 목구멍에 이 기름을 부어 심한 설사로 고통을 줬다. 미국의 소설가인 셔우드 앤더슨은 피마자기름 고문을 이렇게 묘사했다. "단정하게 검은 셔츠를 차려입은 파시스트들은 바지 뒷주머니에 병을 잔뜩 넣은 채 비명을 지르며 도망가는 공산주의자들을 미친 듯이 뒤쫓았다. 정말 가관이었다. 재수 없게 잡히면 놈들은 끔찍한 고문을 가했다. 포로를 길거리에 내팽개치고 병을 그 목구멍에 쑤셔 넣었던 것이다. 그럼 공산주의자는 숨도 제대로 못 쉬어 컥컥거리며 세상의 모든 신과 마귀를 저주했다."

❧ 관련 식물 ❧ 유포르비아euphorbia라는 이름의 원예종 대극大戟은 피부를 자극하는 수액으로 유명하다. 이에 해당하는 포인세티아도 가벼운 가려움을 일으키지만 소문과 달리 그렇게 위험한 수준은 아니다. 또한 천연고무의 원료가 되는 파라고무나무Hevea brasiliensis도 피마자의 친척 격이라고 할 수 있다.

시죄법의 독

19세기 유럽 탐험가들 사이에서는 죄를 지었는지 그 유무를 판별하는 데 쓰는 서아프리카 콩에 관한 이야기가 오가곤 했다. 지역 풍습에 따라 피고가 콩을 삼키면 곧바로 나타나는 결과로 판결을 내리는 것이다. 콩을 토하면 무죄, 사망하면 유죄다. 물론 죽으면 응당 그 죗값을 치른 셈이다. 그 외에도 콩을 배설하거나 설사를 할 경우에도 유죄로 인정해 노예로 팔려갔다. (1500년대 초반까지 노예무역이 번성했기에 서아프리카 형사법상에서는 이런 어처구니없는 일이 빈번히 일어나곤 했다.)

이를 '시련재판'이라 하며, 이러한 시죄법試罪法에 사용하는 식물을 '죄인 판별 식물'이라 불렀다. 죄인 판별에 사용되는 식물에는 몇 종류가 있는데, 재판관들이 피고에게 유리한 판결을 내고 싶을 때는 비교적 독성이 약한 식물을 고를 수도 있었다.

칼라바르콩 CALABAR BEAN *Physostigma venenosum*

죄인 판별 식물로 사용되는 칼라바르콩은 따뜻한 열대 기후에서 자라며 키가 15미터에 달한다. 붉은강낭콩 꽃처럼 붉고 사랑스러운 꽃이 피는데, 꽃이 지면 길고 통통한 꼬투리와 진갈색의 묵직한 콩이 달린다.

이 콩의 독에는 파이소스티그민이라는 알칼로이드가 함유돼 있다. 마치 신경 가스처럼 신경과 근육 사이의 연결을 교란하기에, 침이 많이 나오고 발작 증세가 일거나 방광과 창자의 통제력을 잃고 만다. 최악의 경우, 호흡기 통제 불능으로 질식사할 수도 있다.

이 콩 성분의 화학구조와 약간의 일반적 심리학적 지식을 기반으로 따져보면 왜 시련재판을 겪는 피고마다 효과가 천차만별인지 알 수 있다. 자신이 무죄라고 확신하는 이들이라면 거침없이 콩을 씹어 삼킬 것이고 그 복용 속도가 빠른 덕분에 큰 피해 없이 금방 토하게 된다. 반면에 죄를 지은 자들은 죽음을 두려워하느라 콩을 조금씩 느리게 씹는다. 하지만 얄궂게도 조금이라도 목숨을 부지하려는 시도가 오히려 죽음을 재촉하고 만다. 왜냐하면 느린 섭취로 인해 독이 천천히, 확실하게 몸에 흡수되기 때문이다.

1860년대경 칼라바르콩은 런던에서 일약 화제가 됐다. 제임스 리빙스턴 박사는 아프리카에서 돌아와서 무아베muave라는 독에 관한 이야기를 늘어놓았다. 박사의 설명에 따르면, 아프리카 부족장들은 무죄와 용기를 증명하거나 주술에 걸리지 않았음을 보여주려 자진해서 무아베를 마셨다고 한다. 또한 전인미답의 아프리카 지역을 혈혈단신으로 탐험하며 수많은 금기를 깨뜨렸던 개척가이자 탐험가인 메리 킹슬리도 이에 대해 언급했다. 1897년 그녀는 어느 부족이 믐비암Mbiam이라는 죄인 판별 독약을 먹기 전에 하는 "내가 죄를 지었다면…… 오, 믐비암이여! 그대가 나를 처단할지어다!"라는 서약을 저서에 소개한 것이다.

이런 끔찍한 이야기들이 오가도 영국 과학자들은 기어이 이 콩의 독성에 대해 실험하고야 말았다. 1866년 『런던 타임스』에 「과학자의 순교」라는 기사가 실렸다. 기사에 의하면, 로버트 크리스티슨 경은 최근 화제가 되는 칼라바르콩이 장기에 어떤 영향을 미치는지 자기 몸에 실험하다 거의 죽을 뻔했지만, 다행히 마지막 순간 죽음의 마수에서 탈출했다고 한다.

탕긴 독 열매 TANGHIN POISION-NUT
Cerbera tanghin

마다가스카르에서 사용되며, 자살나무인 케르베라 오돌람Cerbera odollam과 비슷한 식물이다. 모든 부위에 독성이 있으며 심지어 나무를 태운 연기도 유독하다. 그러나 시련재판에서는 가장 판결을 내리기 쉬운 유형의 독약에 속한다.

삿시나무 껍질
SASSY BARK OR CASCA BARK
Erythrophleum guineense or E. judiciale

콩고강 주변에서 주로 관찰되는 식물로, 울퉁불퉁한 적갈색 나무껍질은 심장이 멈추게 할 정도로 독성이 강하다. 목장 주인들은 소가 근처에 가지 못하도록 조심하는데, 소가 자칫 그 풀을 먹고 죽을 수 있기 때문이다. '죄인 판별 껍질' 또는 '심판의 껍질'이라는 이름으로 불리기도 한다.

스트리크닌나무 STRYCHINE TREE
Strychnos nux-vomica

스트리크닌나무의 씨앗도 독성이 강해 죄인 판별 식물로 자주 사용됐다. 행여 무죄를 증명하라며 스트리크닌나무의 씨앗을 받는다면 어떻게든 차라리 다른 수단으로 대신해 달라고 사정하는 게 좋다. 이 씨앗은 단순 구토 정도로 끝나지 않고 발작과 질식사까지 일어날 가능성이 크기 때문이다.

우파스나무 UPAS TREE
Antiaris toxicaria

원산지는 인도네시아로, 이 나무의 독액은 화살 독으로도 사용된다. 한때는 마약성의 향이 있는 것으로 믿었으나 사실이 아니다. 그래서 죄수를 우파스나무에 묶어만 두면 향과 수액의 독 때문에 서서히 죽어간다는 소문이 돌기도 했다.

코카

Coca

ERYTHROXYLUM COCA

1895년, 정신분석학자인 지그문트 프로이
트는 동료에게 쓴 편지에서 '왼쪽 코로 코카
를 투여했더니 놀라울 정도로 몸이 좋아졌
다'라고 언급했다. 그저 평범한 크기와 생김
새의 관목 하나가 프로이트의 인생관 전체를

과:	코카나무과
서식지:	열대다우림
원산지:	남아메리카
이명:	코카인cocaine

완전히 바꿔놓은 것이다. 그뿐만 아니라 그는 '지난 며칠간 믿지 못할 정
도로 행복했다. 근심과 걱정이 모두 사라진 것 같다. 애초에 잘못된 일
이 있기는 했던 건가 싶을 정도로 즐겁고 행복하다'라는 글도 남겼다.

역사적으로도 기원전 3000년에 코카 잎을 뺨과 잇몸 사이에 넣고 씹
어 가벼운 흥분제로 이용했다는 기록이 있다. 잉카제국이 페루에서 권
력을 장악했을 때 지배계급은 코카 공급을 통제했으며, 16세기 스페인
군이 침략했을 때 가톨릭교회는 이 악마의 식물을 사용하지 못하게 금
했으나 실효를 거두지는 못했다. 대신 스페인 정부는 사용을 규제하고
코카에 징세하는 쪽으로 정책을 바꾸었다. 다만 금광이나 은광에서 일
하는 노예들한테는 코카를 적극적으로 제공했다. 왜냐하면 스페인인

들은 원주민 노예들에게 코카만 충분히 제공하면 먹을 것을 거의 주지 않아도 더 빨리, 더 오래 일한다는 사실을 간파했기 때문이다.(그런 식으로 일한 노예들은 몇 개월 후 대부분 사망했지만 이들은 개의치 않았다.)

9세기 중반, 파올로 만테가차라는 이탈리아 의사는 의료와 재활 목적의 코카 잎 사용을 권장했다. 그 가능성을 발견하고 코카에 취해 흥분한 나머지 '비탄의 계곡에 거하는 저주를 받은 불쌍한 중생들을 비웃노라. 나로 말하자면, 코카 잎 두 장을 날개로 매달고 7만7438개의 단어로 이루어진 세상을 비행하노라. 보라, 단어 하나하나가 더욱더 반짝이지 않는가!'라는 기록을 남기기도 했다.

코카 잎에서 추출한 알칼로이드인 코카인은 마취제, 진통제, 소화제, 만능 강장제로 사용되고 있다. 초기에 개발된 코카콜라에도 미량의 코카를 첨가했는데, 지금도 업체가 제조법을 엄중히 비밀에 부친 탓에 사람들은 여전히 코카인을 뺀 코카 추출액을 콜라 향미료로 사용하고 있다고 믿고 있다. 미국 제조업자들은 페루의 국영 코카 회사에서 코카 잎을 합법적으로 수입하여 코카콜라의 비밀 향미료로 변형하고, 의학적인 사용을 위해 코카인을 추출해 국소마취제로 활용한다.

코카는 그 치명적인 특성으로 인해 사람끼리 다툼을 일으키게 하지만, 사람에게 코카나무를 없애려는 전쟁을 벌이게도 한다. 튼튼한 코카나무 한 그루에서 매년 싱싱하고 신선한 잎을 세 번 수확할 수 있는데, 그 잎에 함유된 코카인이나 기타 알칼로이드는 천연 살충제의 기능도 한다. 벌레들이 아무리 공격해도 나무가 늘 풍성한 것도 그 때문이다. 코카인 추출이 가능한 종은 몇 가지밖에 없는데, 추출 목적으로 쓰는 나무는 주로 에리트록실룸 코카Erythroxylum coca다. 이 코카나무는 안데스산

맥의 동쪽 경사면을 따라 서식한다.

안데스 원주민 사회에서는 여전히 가벼운 흥분제로 코카 잎을 씹는다. 약리학 연구에 의하면 이 잎이 두뇌에 미치는 흥분 효과는 코카인보다 순하고 중독성도 없다고 한다. 잎에는 놀라울 정도로 영양분이 풍부하고 칼슘 성분도 많아, 친親코카 성향이 있는 볼리비아의 한 정부 인사는 초등학생들에게 우유 대신 코카 잎을 섭취하는 게 낫다는 주장을 하기도 했다.

그뿐만 아니라 코카나무는 마약 전쟁으로 인해 발생한 제초제 공중 살포 속에서도 살아남았다. 이 마약 근절의 노력을 망친 장본인은 바로 볼리비아나 네그라Boliviana negra라는 이름의 내성 강한 신종 코카였다. 과학자들이 개발한 품종도 아니고, 정말로 말 그대로 갑자기 불쑥 등장한 것이다. 이 자연적 저항 품종은 들판에서 우연히 발견돼 이 농가 저 농가로 전해지게 됐다.

전통적 코카 재배를 옹호하는 이들은 코카야말로 수천 년 전부터 안데스에서 자생했지만, 반면 코카인은 150년 전 유럽에서 발명된 것이라고 주장한다. 따라서 코카인 복용으로 발생한 문제는 그러한 해당 국가에서 해결해야 하며 코카나무를 멸종시킬 이유는 되지 않는다고 설명한다.

≫관련 식물 ≪ 에리트록실룸 코카는 속씨식물 속에서 제일 유명하지만, 에리트록실룸 노바그라나텐세Erythroxylum novagranatense도 코카인 알칼로이드를 함유하고 있다. 소위 가짜 코카인이라고 하는 에리트록실룸 루품Erythroxylum rufum은 미국 식물원에서 만날 수 있다.

코요티요
coyotillo
KARWINSKIA HUMBOLDTIANA

코요티요는 텍사스 평원에서 자라는 평범한 나무로, 크기도 기껏 1.5미터 정도다. 밝은 녹색 잎은 결각缺刻*이 없는 생김새에 꽃도 엷은 녹색이라 특별히 시선을 끌지는 못하나, 가을에 맺는 검고 둥근 열매만큼은 절대로 잊을 수 없는 특징을 갖고 있다.

과:	갈매나무과
서식지:	미국 남서부의 건조한 사막
원산지:	미국 서부
이명:	툴리도라tulidora, 시마론cimmaron, 팔로 네그리토palo negrito, 카풀린치로capulincillo

  코요티요 열매는 마비를 유발하는 화합물을 함유하고 있다. 하지만 즉효성이 없고, 잠복 기간이 긴 탓에 피해자는 며칠 또는 몇 주 동안 자신이 중독 상태라는 사실도 깨닫지 못한다. 그러다가 어느 순간 마비 증세가 치고 들어오는 것이다. 이러한 특성으로 인해 피해자가 어둑어둑한 산길을 운전하거나 보석점의 보안시스템을 몰래 통과하려 할 때 갑작스러운 마비 증세가 오기라도 하면 그야말로 수수께끼의 살인 미스

---

* 잎의 가장자리가 들쑥날쑥하게 깊이 파여 들어간 것.

터리처럼 보일지도 모른다. 어느 추리소설가가 이보다 기발한 독약을 구상하겠는가?

심지어 야생동물도 이 무해하게만 보이는 열매를 먹으면 영문도 모른 채 뒷다리가 마비되거나 비틀비틀 뒷걸음을 친다. 그래서 실험용 동물에 적당량을 주입해 사지 마비를 유도할 수 있다. 가축들 역시 자유로이 돌아다니다가 모르고 이 나무 열매를 따 먹기라도 하면 사지가 완전히 통제 불능이 돼 죽음에 이른다.

코요티요의 약효는 우선 발부터 시작해서 곧 종아리로 이동한다. 수족을 묶어버린 다음에는 호흡기관을 멈추게 하고 곧이어 혀와 목을 마비시킨다. 이 식물은 텍사스와 멕시코 국경을 따라 서식한다. 얄궂게도 '코요티요'라는 이름은 '코요테coyote'라는 스페인어 단어의 지소사指小辭로서, 코요테는 국경을 넘어 미국으로 가는 불법 이민자를 돕는 사람을 뜻한다. 어느 연구에 따르면 멕시코에서 2년간 코요티요 열매를 먹고 죽은 사람이 50명에 달한다고 한다.

코요티요는 주로 텍사스 남부, 뉴멕시코, 멕시코 북부의 협곡과 말라붙은 강바닥에서 끔찍한 더위로 이글거리는 땅도 잘 견디며 생장한다. 환경적 조건만 잘 맞는다면 5~6미터 크기의 작은 나무로까지 자랄 수 있다.

◒ 관련 식물 ◓ 코요티요는 갈매나무과다. 갈매나무과 관목 대부분이 나비들을 불러모으고 열매를 맺지만 그렇다고 전부 똑같이 위험한 건 아니다.

당신의 생명을 위협하는 원예식물

우리 주변의 화단에서 흔히 보는 식물 중에도 독초가 있다. 물론 이런 식물들을 반려동물이나 아이들 먹거리로 사오지는 않았을 것이다. 그저 이런 식물들이 1년 내내 섭씨 10~20도의 기후대에서 잘 자라기 때문에 선택됐을 뿐이다. 원예식물 대부분이 열대산이며 남미와 아프리카 정글이 고향인 이유도 그래서다.

우리가 잘 아는 포인세티아는 사실 악명 높은 실내식물이지만 그 소문만큼 독성이 강하지는 않다. 대극과 식물 특유의 수액이 조금 피부에 자극적이기는 해도 결국 그게 전부다. 크리스마스 시즌만 되면 포인세티아는 각종 언론에서 혹평을 받지만, 다른 원예식물은 아무리 독성이 강해도 관심조차 받지 못한다.

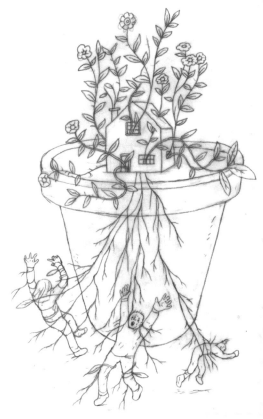

스파티필럼 PEACE LILY
Spathiphyllum spp.

남미 출신의 식물이며 칼라calla처럼 희고 소박한 꽃을 피운다. 2005년 한 해만 해도 스파티필럼 중독으로 미국 중독관리센터(PCC)에 신고된 건수가 다른 식물보다 많았다.(이 식물의 독성이 강해서라기보다는 그만큼 인기가 많은 것이 신고가 많은 이유일 것이다.) 스파티필럼에는 옥살산칼슘 결정이 들어 있어 피부염증, 구강 작열, 연하 장애, 구토를 유발한다.

아이비 ENGLISH IVY
Hedera helix

아이비는 흔하디흔한 유럽산 지피식물이자 덩굴식물이며, 실내 화분식물로도 매우 유명하다. 열매는 쓴맛이 강해 식용으로 거의 사용하지 않지만 행여 섭취할 경우에는 심각한 위장 장애와 환각 증세, 호흡기 장애를 일으킬 수 있다. 잎의 수액은 피부염증과 수포의 원인이 된다.

필로덴드론 PHILODENDRON
Philodendron spp.

남미 서인도제도 원산의 덩굴식물이다. 식물 전체에 옥살산칼슘이 들어 있다. 잎을 조금 씹는 정도라면 가벼운 구강 작열이나 구역질을 일으키나 삼키게 되면 심한 복통에 시달린다. 또한 이 식물과의 잦은 피부접촉은 심각한 알레르기 반응까지 일으킬 수 있다. 2006년 미국 중독관리센터에서만 해도 필로덴드론 중독으로 1600건 이상의 신고 전화를 접수했다.

디펜바키아 DIEFFENBACHIA OR DUMB CANE
Dieffenbachia spp.

열대 남미 원산의 식물로, 일시적으로 성대에 염증을 일으켜 말을 못하게 하는 것으로 악명이 높다. 일부 종은 다른 식물과 섞어서 화살 독으로 사용했다는 설도 있다. 주로 디펜바키아 중독은 구강 및 인후 작열, 혀 부음이나 안면종

창, 위장 장애를 일으킨다. 수액 역시 피부염증을 초래하고 눈에 들어가면 가벼운 자극이나 통증을 일으킬 수 있다.

벤자민고무나무와 인도고무나무
FICUS TREE AND RUBBER TREE   *Ficus benjamina, Ficus elastica*

두 나무 모두 실내식물이며 뽕나무과에 속한다. 이 나무들의 유액은 심한 알레르기 반응을 일으킬 수 있다. 실제로 한 여성이 과민성 쇼크를 비롯해 끔찍한 증상에 시달리다가 집에서 고무나무를 치우자마자 상태가 회복된 기록이 있다.

청산호 또는 연필선인장
PENCIL CACTUS OR MILKMUSH   *Euphorbia tirucalli*

연필선인장은 아프리카 원산으로 사실 선인장은 아니지만, 다육성 식물처럼 줄기가 길고 가늘어서 이러한 이름이 붙었다. 외형이 놀랍도록 건축학적이라 근대 실내 장식용으로 인기가 높지만, 유포르비아 식물답게 부식성 유액이 심한 발진과 안구 자극을 일으킨다. 실내에서 기르려면 가지를 쳐서 크기를 줄여야 하는데 그 바람에 정원사들이 고통을 겪는다. 한번 가지치기를 하고 나면 이런저런 통증에 시달려야 하기 때문이다.

예루살렘 체리 또는 옥산호
JERUSALEM CHERRY OR CHRISTMAS CHERRY   *Solanum pseudocapsicum*

종종 장식용 후추나무로 팔리지만 실제로는 벨라돈나와 가깝다. 식물 전체에 알칼로이드 독성이 함유돼 있어 무기력, 졸음, 구역질, 구토, 심장 장애를 유발한다.

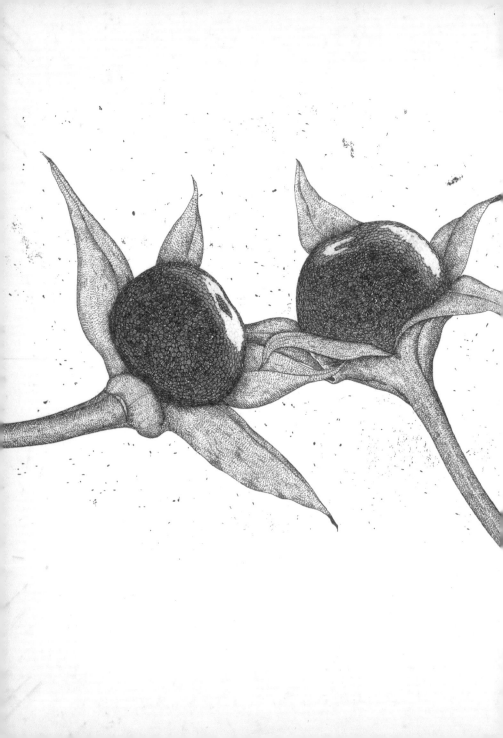

벨라돈나
Deadly Nightshade
ATROPA BELLADONNA

1915년, 교수이자 식물연구가 헨리 G. 월터스는 식충식물과 유독식물 간의 이종교배 가능성에 관해 연구했다. 독성식물에 식충식물같이 유사 근육기관이 있다면 콜레라보다 위험해질 것이라고 믿었다. 그는 식물도 사랑을 나누고 기억이 있으므로 어쩌면 연인들처럼 원한도 품고 있을 것이라는 주장도 덧붙였다. 그가 보기에 벨라돈나는 증오로 가득한 식물이었다.

과:	가지과
서식지:	그늘진 습지, 발아를 위한 습한 토양
원산지:	유럽, 아시아, 북아프리카
이명:	악마의 체리devil's Cherry, 드웨일dwale('마취제'를 뜻하는 앵글로색슨 단어)

　벨라돈나는 식물 전체에 독성이 있지만(살짝 비비기만 해도 피부 발진이 일어난다), 검은색 열매가 가장 치명적이라고 할 수 있다. 1880년, 버지니아의 찰스 윌슨이라는 농부는 이 열매로 인하여 자식들을 잃었다. 당시 나온 짤막한 부고만 봐도 그가 얼마나 고통스러운 주말을 보냈는지 짐작되고도 남는다. "첫째와 막내는 지난 목요일, 둘째는 일요일 밤, 마지막 남은 셋째가 월요일에 숨을 거뒀다."

심지어 오늘날의 의학 보고서에도 벨라돈나 중독에 관한 이야기가 등장한다. 한 초로의 여성은 매년 가을만 되면 병원을 찾았는데 그때마다 환각, 망상, 두통과 같은 정신질환 증세를 보였다. 의사들도 원인을 짐작할 수 없었지만 며칠만 지나면 증세는 저절로 잦아들었다. 그러던 중, 노인의 딸이 가지고 온 집 주변의 관목 열매를 통해 사실은 노인이 매년 가을마다 벨라돈나를 조금씩 따먹었지만 용케도 치명적인 중독을 벗어났다는 사실이 밝혀졌다.

이런 사례는 얼마든지 있다. 어느 부부는 벨라돈나 열매를 식용식물인 줄 알고 파이 재료로 쓰는 실수를 범하여 의료사의 한 페이지를 장식했다. 터키에서는 6년 동안 49명의 어린이가 배탈을 앓았다. 대부분은 어린이들이 호기심에 열매를 따 먹어 생긴 증상이었지만, 한 아이는 설사병을 낮게 하는 데 도움이 된다는 잘못된 믿음으로 부모가 일부러 먹이는 바람에 이런 고통을 겪고 말았다.

벨라돈나가 일으키는 이러한 흑마술은 아트로핀이라는 알칼로이드가 원인인데, 이로 인해 심장박동이 빨라지고 혼란, 환각, 발작 등의 증세가 뒤따른다. 이 증세는 매우 심각해서 환자들의 아트로핀 중독을 막기 위해 중독성 진통제를 투여하기도 한다. 의과대학생들은 다음과 같은 간단한 구절을 활용해 벨라돈나 중독 증세를 외우곤 한다. '토끼처럼 뜨겁고, 박쥐처럼 깜깜하고, 뼈처럼 건조하고, 비트처럼 빨갛고, 정신이상자처럼 미쳤다.' 여기서 '미쳤다'는 헛소리를 뜻하는데 이는 벨라돈나 중독 증상에 속한다.

벨라돈나는 다년생 식물로서 유럽, 아시아, 북아메리카에 서식하며 주로 습하고 그늘진 곳에서 자란다. 키는 1미터가량으로 잎은 뾰족한 타원형이고 관 모양의 자갈색 꽃이 핀다. 바로 이 꽃에서 검은색 열매가 열리는데, 처음에는 딱딱한 녹색 과실이 붉게 변하면서 가을이 돼 완전히 익으면 검은색 광택을 드러내는 것이다.

과거에 의사들은 벨라돈나, 독당근, 맨드레이크, 사리풀, 아편, 허브 등을 섞어 수술용 마취제를 만들었다. 아트로핀은 지금도 의학 목적으로 사용하며 신경가스와 농약 중독 사고의 항생제로 투약하고 있다.

이탈리아 여성들은 매혹적인 매력을 살리기 위해 연한 벨라돈나 팅크제를 눈에 넣어 눈동자를 크게 만들었다. '벨라돈나'라는 이름도 이러한 관습에서 비롯된 것이라 할 수 있다. 벨라돈나라는 단어가 '미인'을 뜻하기 때문이다. 반면에 신비의 묘약으로 가난한 사람들을 치료한 중세 마녀라는 뜻의 '부오나 돈나buona donna'에서 유래한 말이라고 주장하는 사람들도 있다.

벨라돈나의 학명에 포함된 단어, 아트로파atropa는 그리스 신화에 나오는 운명의 세 여신에서 이름을 따왔다. 각 운명의 신은 인간의 숙명을 결정한다. 라케시스는 인간이 태어날 때 운명의 실 길이를 결정하고, 클로토는 그 줄을 자아내며, 마지막으로 아트로포스는 자신이 선택한 시간과 방식으로 죽음을 집행한다. 밀턴은 그녀를 이렇게 표현했다.

맹목의 분노여, 죽음의 낫을 들고 오라.
그리하여 이 가냘픈 명줄을 끊을지어다.

➳ 관련 식물 ☙ 가지과에는 무서운 식물이 많다. 사리풀, 맨드레이크, 매콤한 하바네로 고추도 여기에 속한다.

데스 캐머스

Death Camas

ZIGADENUS VENENOSUS, OTHERS

미국 서부 초원에는 여러 종류의 데스
캐머스가 자란다. 데스 캐머스는 구근
식물로서 잎이 잔디처럼 가늘고 분홍
색, 흰색, 노란색 별 모양의 꽃이 뭉쳐
서 핀다. 식물 전체에 유독성 알칼로이
드가 함유돼 있으며, 종류에 따라 정도

과:	멜란티움과
서식지:	초원
원산지:	북미, 특히 서부
이명:	서양승마black snakeroot, 하늘나리star lily

의 차이가 있기는 해도 일단 독성이 매우 강하다고 보는 편이 좋다. 식
물이나 구근 어느 쪽을 먹어도 입에서 침이나 거품이 나고 구토, 극도의
피로감, 맥박 이상, 혼동과 현기증 증세까지 생긴다. 중독이 심하면 발
작, 혼수상태, 사망까지 발생할 수 있다.

　데스 캐머스 중독은 가축에게도 큰 문제가 된다. 특히 양들이 이른 봄
먹거리가 부족할 때 데스 캐머스를 뜯어 먹곤 한다. 게다가 땅까지 젖어
있으면 종종 뿌리까지 뽑아 먹기까지 한다. 동물이 여기에 중독되면 치
료 방법이 없어 그대로 목숨을 잃는 경우가 많다.

　영양학자이자 음식 역사학자인 일레인 넬슨 매킨토시의 최근 연구

에 의하면, 루이스와 클라크 탐험대를 괴롭힌 처참한 고통 역시 데스 캐머스 때문이라고 한다. 1805년 9월, 탐험대는 로키산맥에서도 가장 험난하다는 비터루트산맥을 통과하고 있었다. 식량은 이미 바닥이었고 탈수, 각막진무름증, 발진, 종기 등 영양 부족 질병들에 시달리느라 상처도 잘 낫지 않았다. 9월 22일에 탐험대는 네즈 퍼스 부족에게서 식량으로 약간의 말린 생선과 블루 캐머스(데스 캐머스와 같은 카마시아속이다) 뿌리를 얻었다. 물론 먹을 때만 해도 둘 다 아무 문제 없었다.

그러나 탐험대원들은 곧바로 격통, 설사, 구토에 시달려야 했다. 루이스는 무려 2주 동안이나 크게 앓았다. 매킨토시 박사는 대원들이 실수로 식용인 블루 캐머스가 아니라 데스 캐머스를 먹고 탈이 났을 것으로 짐작한다. 당시는 꽃이 피지 않았을 때라 둘을 구분하기가 어려웠다. 캐머스 구근에 정통한 인디언들도 종종 착각할 정도가 아닌가. 결국 탐험대는 대원들이 회복될 때까지 잠시 탐험을 중단해야 했다. 그래서 그들은 혹독한 겨울 동안 기르던 개를 잡아먹거나, 위험을 무릅쓰고 또다시 낯선 식물 뿌리로 목숨을 연명할 수밖에 없었다.

➤ 관련 식물 ≈ 한때 데스 캐머스는 백합과에 속했으나 지금은 독성이 있는 다른 야생 구근식물군에 들어 있다. 베라트룸 알붐Veratrum album, 연령초 trillium가 여기에 속한다.

위험한 저녁 식사

옥수수, 감자, 콩, 캐슈의 공통점이
무엇일까? 일정한 환경만 갖춰진다면
독초가 될 수 있는 식물들이라는 점이다.
세계에서 가장 중요한 식량 작물에 독성이
있다고? 이 식물들을 안전하게 먹으려면
조리를 하거나 다른 식품과 섞어야 한다.
풀완두는 기근을 엄청난 비극적 재앙으로
만들어 온 세상에 악명을 떨치기도 했다.

풀완두 GRASS PEA   *Lathyrus sativus*

치클링 베치chickling vetch라는 이름으로도 불리는 풀완두는 지중해, 아프리
카, 인도, 아시아 일부 국가에서 수백 년 동안 주식으로 이용됐다. 콩과 식물
이 대개 그렇듯, 훌륭한 단백질 음식이지만 심각한 단점이 하나 있다. 바로
'β-ODAP'라는 이름의 신경독이 들어 있는 것이다. β-ODAP 중독, 즉 라티
리즘*의 첫 증세는 약지증이다. 독소가 점차 신경세포를 죽이게 되면 허리부
터 아래쪽으로 마비되는데 제때 치료를 받지 못하면 결국 사망하고 만다.

그런데 이런 콩이 어떻게 밀가루, 죽, 스튜의 인기 재료로 살아남을 수 있었을
까? 물에 오랫동안 담가두거나 빵, 팬케이크로 발효한다면 거의 위험하지 않
기 때문이다. 풀완두는 심한 가뭄 속에서도 살아남는 농작물이기도 하다. 그

---

* lathyrism, 야생 완두를 먹는 지역에서 발생하는 마비, 떨림 같은 질환이다.

런데 가뭄이면 먹을 것도 거의 없지만 콩을 삶을 물도 귀하기는 마찬가지의 상황이 되고 만다.

히포크라테스는 "계속 풀완두를 먹으면 다리에 마비 증세가 온다"라고 경고했다. 오늘날만 해도 에티오피아와 아프가니스탄 같은 나라는 기근이 오면 여전히 이런 참사가 발생한다. 기운을 잃지 않도록 남자들에게 고단백 콩을 배급하기 때문이다. 이거라도 먹고 힘을 내어 가족을 먹여 살리라고 한 배려 겠지만 오히려 역효과가 나서 엉금엉금 기어 다니기 일쑤다.(어느 기사에 따르면 '오두막집이 대체로 흙바닥이라 라티리즘 환자들은 휠체어도 타지 못한다'라고 언급하기도 했다.) 마침내 기근이 끝나 콩을 먹지 않는다 해도 그중 일부는 평생 불구로 살아야 한다.

1810년경, 스페인 화가 프란시스코 고야는 「풀완두 때문에」라는 판화 그림으로 풀완두 중독의 폐해를 묘사한 바 있다. 그는 이 작품을 통해 스페인 독립전쟁에서 나폴레옹군과 싸울 당시의 참혹한 중독의 창궐을 묘사했다.

스위트피를 닮은 풀완두는 가는 덩굴손을 가진 덩굴식물이며 꽃은 파란색, 분홍색, 보라색, 흰색으로 핀다. 여전히 소 사료로 쓰이는 데다 전 세계에 걸쳐 식재료로 등장한다.

옥수수 CORN   *Zea mays*

미 대륙 원주민들에겐 옥수수를 안전하게 요리하는 방법이 있었다. 전통 조리법에 따라 천연미네랄을 함유하는 소석회를 옥수수에 첨가하는 것이다.(토르티야 기본 조리법에는 여전히 소석회를 첨가한다.) 소석회는 옥수수의 나이아신 흡수를 가능하게 해주므로 옥수수만 먹지 않는 한 전혀 문제가 없으며 오히려 부족한 영양을 보충해준다. 초기 정착민들은 이 위험을 인지하지 못한 탓에, 나이아신 결핍으로 생기는 질병인 펠라그라로 크게 고생했다.

1735년 신세계에서 옥수수를 수입했을 때, 스페인과 유럽 국가의 빈민층에서 펠라그라 증상이 많이 나타났다. 이 증후군은 4D라고 불리는데, 피부염dermatitis, 치매dementia, 설사diarrhea, 사망death으로 이어지기 때문이다. 실제로 영국의 의학저널은 이 섬뜩한 증세가 아일랜드 소설가 브램 스토커의 『드라큘라』에 나오는 유럽 흡혈 신화에 영향을 준 게 아니냐는 기사를 내보내기도 했다. 창백한 피부는 태양에 노출되면 수포가 발생하고 치매 때문에 밤에 잠을 이루지 못할뿐더러 소화불량으로 정상적인 식사가 불가능하며 죽기 직전 외모가 끔찍하게 변하는 증세 때문이다.

20세기 초반, 미국에서만 300만 명이 펠라그라에 걸리고 그중 10만 명이 목숨을 잃고 말았다. 이 질병은 1930년대가 돼서야 완전히 파악됐다. 오늘날에는 다른 음식과 함께 섭취하는 한 옥수수는 안전한 건강식으로 여기고 있다.

대황 RHUBARB   *Rheum x hybridum*

대황은 아시아산 식물이며 잎에 옥살산을 다량 함유하고 있다. 옥살산은 무기력증, 호흡 곤란, 소화 질환을 일으키며 간혹 의식 불명이나 사망까지도 발생시킬 수 있다. 1917년 『런던 타임스』 기사를 보면, 한 성직자가 대황 잎으로 요리를 만들어 먹고 사망했다. 이 음식을 만든 불행한 요리사는 신문의 조리법을 그대로 따라 했다고 진술했는데, 그 제목이 '국립요리학교가 개발한 전시 생존을 위한 조리법'이었다. 실제로 전쟁이 오래 이어지면서 먹거리가 부족하기는 했으나, 이런 조리법은 그저 병사들과 시민들에게 또 다른 위협이 될 뿐이다.

엘더베리 ELDERBERRY   *Sambucus* spp.

이 열매는 잼, 케이크, 파이의 재료로 유명하지만 날로 먹으면 매우 위험하다.

1983년 중앙 캘리포니아에서 야유회에 참여한 사람들이 엘더베리 주스를 마신 후, 헬리콥터로 병원에 이송됐다. 엘더베리는 그 생과일을 비롯하여 모든 부위에 다양한 수준의 시안화물을 함유하고 있지만, 대개는 섭취하더라도 심각한 구토 증세를 겪다가 회복한다.

캐슈 CASHEW   *Anacardium occidentale*

식품점에서 생生 캐슈넛을 팔지 않는 데는 이유가 있다. 캐슈는 오크옻나무, 덩굴옻나무, 수맥옻나무와 같은 유독식물에 속하며, 피부 자극성 오일인 우루시올을 만들어낸다. 열매 자체는 먹어도 상관없으나, 수확 도중에 열매가 껍질에 접촉하게 되면 상황은 달라진다. 껍질과 접촉한 열매를 먹으면 심한 발진에 시달리게 되기 때문이다. 이러한 이유로 캐슈는 가열해서 껍질을 까야 하며, 날것이라면 최소한 부분적으로라도 익혀야 한다. 1982년에는 펜실베이니아의 리틀리그 야구팀이 모잠비크산 캐슈넛을 봉지로 팔았는데, 이것을 먹은 사람 절반이 팔, 살, 겨드랑이, 엉덩이에 두드러기가 났다. 캐슈넛 봉지 일부에 캐슈 껍데기가 들어 있었던 것이다. 심지어 캐슈넛과 덩굴옻나무 잎을 섞어도 이와 같은 증세가 나타난다.

강낭콩 RED KIDNEY BENA   *Phaseolus vulgaris*

안전하고 건강에도 좋으나 푹 익혀 먹어야 한다. 강낭콩에 함유된 유해 성분을 피토헤마글루티닌이라 부르며 이는 심한 구역질, 구토, 설사를 유발한다. 대체로 회복은 빠른 편이나 날콩을 4~5개만 섭취해도 크게 고생할 수 있다. 일반적으로 강낭콩을 슬로 쿠커로 설익힐 때 중독 사고를 당하기 쉽다.

감자 POTATO

Solanum tuberosum

이 끔찍한 가지속 식물은 솔라닌이라는 독을 만들어 타는 듯한 심각한 소화 질환을 일으키며 심지어 혼수상태와 사망까지 초래한다. 그러나 감자를 익히면 솔라닌은 대부분 소멸한다. 감자를 햇볕에 오래 노출했다가 겉이 파랗게 변하면 솔라닌이 증가했다는 뜻이다.

아키 ACKEE

Manihot esculenta

아키 열매는 자메이카 요리의 필수 식재료다. 다만 식용 가능한 부위는 가종피假種皮뿐이다. 열매는 완전히 익은 다음에 따야 하는데 그렇지 않으면 중독의 위험이 있다. 아키 중독, 즉 자메이카 구토증은 치료를 받지 않으면 치명적일 수 있다.

카사바 CASSAVA

Manihot esculenta

라틴 아메리카, 아시아, 아프리카 일부에서 주요 식량 작물로 취급하며 뿌리를 감자와 비슷한 방식으로 요리한다. 뿌리에서 전분을 추출해 타피오카 푸딩과 빵을 만드는 데 여기에는 문제가 하나 있다. 카사바에는 리나마린이라는 물질이 함유돼 있는데, 이것이 체내에 들어가면 시안화물로 변한다. 이 시안화물 성분을 제거하려면 물에 담그거나 말리거나 뿌리를 굽는 등 복잡한 과정을 거쳐야 하고, 이마저 완벽하지 않은 데다가 며칠이나 시간이 걸린다. 특히 가뭄에는 카사바 뿌리의 독성이 더 강해지는데도 기근에 굶주린 사람들이 충분한 준비와 주의를 기울이지 않고 이 뿌리를 많이 섭취할 때가 많다.

카사바 중독은 치명적이다. 중독이 심하지 않더라도 아프리카에서 콘조konzo라는 부르는 고질병에 시달릴 수 있다. 증상으로는 무기력, 떨림, 근육부조정, 시력감퇴, 부분 마비 등이 있다.

맥각
Ergot
CLAVICEPS PURPURA

1691년 겨울, 매사추세츠 세일럼의 사건을 두고 역사학자들은 여전히 그 원인에 대해 의견이 분분하다. 젊은 여성 80명이 마치 악령에 씌거나 흑마법에 걸린 것 같은 기이한 행동을 벌인 것이다. 여성들은 차례로 발

과:	맥각균과
서식지:	호밀, 밀, 보리 같은 곡물에 기생
원산지:	유럽
이명:	귀리곰팡이ergot of rye, 성 안토니우스의 불St. Anthony's fire

작을 일으키고 헛소리를 하고 살갗이 따끔거린다며 짜증을 냈다. 그러나 의사들이 진단해도 별다른 문제점을 발견하지 못했다. 기껏해야 여성들이 사악한 마법에 걸렸다고밖에 설명할 길이 없었다.

300년이 지난 후, 한 연구자가 다른 가설을 내놓았다. 호밀과 빵에 피는 곰팡이인 맥각이야말로 여성들의 기이한 행동을 자극한 범인이라는 것이다.

맥각은 기생 곰팡이의 일종으로 호밀, 밀 같은 곡물류에 기생한다. 습한 환경에서 잘 성장하며, 기생한 숙주인 그 곡물을 흉내 내는 특별한 능력이 있다. 일단 숙주에 기생하면 균핵이라는 이름의 딱딱한 덩어리

를 만들어 맥각의 휴면 홀씨가 떨어져 나오는 환경적 시기가 될 때까지 양분을 제공한다. 호밀이나 밀 한 포기에서도 수백만 개나 되는 맥각 홀씨가 같이 수확되기에, 이 곡물로 만든 빵에도 사람을 중독시킬 만큼의 곰팡이가 들어 있을 가능성이 있다. 특히 세일럼의 겨울 날씨가 습한 까닭에 젊은 여성들은 맥각의 희생자가 되기에 충분했던 것이다.

맥각의 알칼로이드는 혈관을 응축하고, 발작, 구역질, 자궁수축을 야기하며 심하게는 괴저병과 사망으로까지 이어질 수 있다. 스위스의 화학자 앨버트 호프만이 맥각에서 리세르그산을 추출해 LSD(환각제의 일종)를 만들기 전, 그 옛날 맥각 중독자들도 LSD에 취한 사람들처럼 심각한 환각 증세를 겪었다. 히스테리, 환각, 살갗 위를 뭔가 기어 다니는 기분 등이 맥각 중독의 증세라고 할 수 있다.

중세의 기록을 보면, 이따금 마을 전체가 기이한 질병에 걸려 고생했다는 이야기를 발견할 수 있다. 사람들이 거리에 나와 춤을 추다가 갑자기 발작을 일으키더니 마침내 실신하고 말았다. 바로 이 '무도병舞蹈病'은 종종 '성 안토니우스의 불'이라는 이름으로 불렸는데, 아마도 괴저병 환자처럼 온몸이 불타는 것처럼 뜨겁다가 물집이 생기고 살갗이 벗겨지기 때문일 것이다. 당시 맥각증으로 5만 명 이상이 죽은 것으로 보인다. 가축도 그 위험에서는 안전할 수 없었다. 소가 오염된 곡물을 먹으면 발굽, 꼬리, 심지어 두 귀까지 떨어져 나가고 끝내는 죽고 말았던 것이다.

유럽에서 이런 식의 기이한 행동과 맥각 중독의 관계는 세일럼의 마녀재판이 시작될 즈음에 밝혀졌지만, 이 놀라운 소식이 식민지까지 닿지는 못했을 것이다. 결국 여성들에게 마법을 걸었다는 죄목으로 19명이 단두대에 끌려갔다. 물론 그들은 끝까지 무죄를 주장했지만 말이다.

마을 제빵사한테 어떻게 빵을 만들었는지 묻기만 했다면 얼마나 좋았을까. 날씨, 수확작물, 여성들의 증상, 거기에 히스테리 증세가 어느 순간 갑자기 사라졌다는 사실로 보건대 이례적으로 습한 날씨로 인한 맥각증 창궐이 원인일 가능성이 크다.

오늘날에는 맥각 중독이 거의 없으나 20세기에 들어서도 사례가 보고된 바는 있다. 다만 호밀은 맥각에 내성이 생겼다기보다는 농부들이 소금물로 곡물을 씻어 곰팡이를 죽이고 있어서 중독 사고를 막는다고 보는 게 맞다.

🍂 **관련 식물** 🍂 맥각의 종류는 50개가 넘으며, 모두 특정 종류의 풀이나 곡물에 기생한다.

치명적인 균류

2001년, 의학 연구자들은 한 고대 살인 사건을 다시 조사했다. 로마 황제 클로디우스(기원전 54~기원전 41)가 불가사의한 죽음을 맞이했다. 몇 달간 네 번째 아내 아그리피나와 심하게 싸운 이후의 일이었다. 오늘날 학자들은 그의 증세가 특정 독버섯에서 주로 발견되는 독인 무스카린 중독과 일치한다고 본다. 하지만 그 독을 누가 먹였을까? 한 전문가는 클로디우스 황제가 아내를 너무 많이 들였기 때문에 죽은 것이 아니냐는 의견을 제기하기도 했다.

또 다른 버섯 독살 사건은 1918년 파리에서 발생했다. 앙리 지라드는 보험 중개인인 동시에 화학 교육을 받은 인물이었다. 그 기막힌 조합이 연쇄살인범을 탄생시켰던 것이다. 그는 보험을 든 고객들을 희생양으로 삼아, 약국에서 구입하거나 자기 실험실에서 제조한 독극물로 모두 죽였다. 그가 제일 즐겨 쓰던 독은 장티푸스 박테리아 배양균이지만, 마지막 희생자인 모닌 부인은 자신이 준비한 독버섯 요리로 살해했다. 부인은 집을 나선 후 보도에서 쓰러졌다. 당국에서도 마침내 범인을 체포했으나 그는 재판을 받기 전에 사망하고 말았다.

버섯은 정확히 따져서 균류이지 식물이라고는 볼 수 없으나, 그 살상능력만으로도 중요하게 언급할 가치는 충분하다. 1909년 『런던 글로브』 기사에 따르면 매년 버섯 중독으로 죽은 사람이 유럽에서만 1만 명이 넘었다고 한다. 오늘날 전 세계에서 얼마나 많은 사람이 버섯을 먹고 목숨을 잃었는지 알 방법은 없지만, 미국 중독관리센터에 걸려오는 전화는 매년 7000건을 넘는다. 2005년 미국 중독관리센터의 보고서에 따르면 버섯 중독으로 6명이 사망했다. 그러나 특별한 경우라면 그 이상의 희생자가 나올 수 있다. 예를 들어, 1996년 우크라이나에서는 100여 명의 사상자가 발생했는데 원인은 숲에 무성하게 자란 버섯 때문이었다. 버섯 중에서도 특히 독성이 강한 버섯이라면, 간이나 신장을 공격해 몸을 회복시킬 수 없을 정도로 만들어 사망까지 일으킬 수 있다.

알광대버섯 DEATH CAP · *Amanita phalloides*

알광대버섯은 옅은 색에 중간 정도 크기의 버섯이다. 북미와 유럽 전역에서 발견되며 전 세계 버섯 사고의 약 90퍼센트를 차지한다. 아시아의 식용버섯인 풀버섯과 모양이 흡사하지만, 알광대버섯은 절반만 먹어도 성인 한 명이 죽을 수 있다. 알광대버섯은 신장과 간에 치명적인 손상을 입히기에 치료를 위해 간 이식이 필요할 정도다.

이와 비슷한 종으로 흰알광대버섯(*Amanita verna* 또는 *Amanita virosa*)이 있는데, 세계에서 가장 독성이 강한 것으로 알려져 있다. 증세는 몇 시간 후에 나타나지만, 조금이라도 치료가 늦으면 비극적인 결과를 낳을 수 있다.

끈적버섯 CORTINARIUS · *Cortinarius* spp.

이 작은 갈색 버섯은 표고버섯 등 여타의 식용버섯과 비슷하게 생겼으나 독성이 아주 강하다. 며칠 후에나 증상이 나타나는 탓에 의사들이 진단하고 치료하기가 쉽지 않다. 끈적버섯은 발작, 격통, 신부전증을 초래할 수 있다.

마귀곰보버섯 FALSE MOREL · *Gyromitra esculenta*

북미 전역에 서식하는 버섯으로, 맛이 좋아 사람들이 즐겨 찾는 곰보버섯과 매우 비슷하게 생겼다. 버섯 중독이 대부분 그렇듯, 구역질과 현기증 증세가 있으며 더 나아가 신장, 간 손상에 따른 혼수상태, 사망으로도 이어질 수 있다.

광대버섯 FLY MUSHROOM · *Amanita muscaria*

세상에서 가장 유명한 이 버섯은 주홍색 바탕에 흰 점이 찍힌 모양새로, 이따금 동화책 속 삽화로도 등장한다. 『이상한 나라의 앨리스』에서 애벌레가 물담배를 피우며 앉아 있는 버섯 역시 생김새로 보자면 광대버섯임이 분명하다. 실제로도 앨리스가 버섯을 살짝 깨물어 먹은 후 환각 증세를 겪는데, 이는 광대버섯에 중독됐을 때 제일 먼저 나타나는 증상이기도 하다. 어지럼증, 망상, 도취 등의 증상은 깊은 잠이나 혼수상태까지 유발할 수도 있다.

매직버섯 MAGIC MUSHROOM *Psilocybe* spp.

실로시빈이나 실로신 같은 환각물질은 다른 버섯에도 있지만, 특히 환각성 버섯류에서 흔히 찾아볼 수 있다. 미국 마약단속국은 두 종류의 물질 모두 스케줄 I에 의한 규제 약물로 규정하면서도 어느 버섯이 이에 해당하는지 구체적으로 특정하지는 않았다.

매직버섯은 대개 식용 섭취를 하거나 차로 만든다. 환각 외에도 구역질과 구토, 무기력과 졸음까지 일으킨다. 과다 복용하면 공황발작과 정신병으로 이어지기도 한다. 미국 남서부 전역에 야생으로 자라며 멕시코에서 캐나다까지 넓게 퍼져 있다. 일부 종류는 유럽에서도 발견된다. 매직버섯과 맹독성 버섯류의 생김새가 비슷해 버섯을 착각하여 먹고 죽은 사람들이 많다.

두엄먹물버섯 INKY CAP *Coprinus atramentarius*

종 모양으로 생긴 갓이 달린 작고 하얀 버섯인데, 다 자라면 먹물처럼 까맣게 변하는 특징으로 매우 유명하다. 독성은 다소 애매한데, 알코올과 함께 복용할 때만 독성이 작용하기 때문이다. 중독되면 몇 시간 동안 발한, 구역질, 현기증, 호흡 곤란 등을 겪을 수 있다. 대부분은 금방 회복되지만 중독 증상을 겪은 환자는 일주일 이상 알코올을 삼가야 한다. 그러나 이 위험을 예상할 만한 버섯에 도전해도 간혹 아무 중독 증세도 나타나지 않는 사람도 있다.

하바네로 칠리
Habanero Chili
CAPSICUM CHINENSE

엄청나게 매운 고추를 한 입 먹는다고 가정해보자. 겨우 이 행동만으로도 병원 응급실로 실려 갈 수 있다. 우선 눈에서 눈물이 나오고 목에서 불이 나면서 침을 삼키기가 어렵다. 두 손과 얼굴은 마비된다. 운이 나쁘면 호흡 곤란

과:	가지과
서식지:	적정 온도와 수분량이 갖춰진 열대 기후
원산지:	중앙아메리카 및 남미
이명:	하바네로habanero

까지 겪을 수도 있다. 이 모든 것이 바로 맵디매운 하바네로 고추 하나 때문에 생기는 일이다.

1900년대 초, 화학자인 윌버 스코빌은 실험을 통해 칠레 고추가 얼마나 매운지 측정했다. 고추추출물을 물에 희석해 피험자들에게 맛보게 한 것이다. 피험자는 매운맛을 민감하게 감지하도록 평소에 고추를 먹지 않는 사람들로 구성했다. 고추의 스코빌 척도는 매운맛을 완전히 없애는 데 필요한 물의 양과 고추추출물의 비율로 표시한다. 매운맛이 전혀 없는 피망의 수치는 0SHU(Scoville Heat Units)이고, 세상에서 제일 매워 도저히 사람이 씹어 삼킬 수 없다는 할라페뇨 고추는 약

5000SHU다.

할라페뇨 추출물 1단위를 희석하기 위해 물 5000단위가 필요하다면, 하바네로를 희석하는 데는 얼마나 많은 물이 필요할까? 품종과 재배 환경에 따라 다르지만 약 10만에서 100만 단위라고 한다. 겨우 고추한 줌으로 세계 매움 챔피언의 자리를 노린다지만 하바네로에도 그 맵기의 정도가 제각각이다. 오렌지색의 작은 스카치 보닛 고추는 자메이카 요리에 독특한 향미를 더한다. 또한 레드 사비나는 제일 매운 고추로 1994년 기네스 세계기록을 수립했는데 스코빌 지수는 50만 SHU를 훌쩍 넘었다. 세계에서 제일 매운 고추인 하바네로는 영국의 도싯 출신임에도, 이곳은 희한하게도 매운 요리를 즐기지 않는 고장이다.

영국의 한 농원 경영자가 방글라데시 고추씨를 통해 '도싯 나가Dorset Naga'를 개발했다. 최상의 모종을 골라 몇 세대를 거쳐 재배했더니 너무 매워 향신료로 사용할 수 없는 고추가 열리게 됐던 것이다. 줄기를 음식에 문지르는 정도라면 모를까 그 이상의 행위는 거의 무모한 도전에 가까웠다. 미국의 실험실 두 곳에서는 고성능 액체 크로마토그래피*라는 신기술을 응용해 이 고추 품종을 실험해봤더니 스코빌 지수는 100만 SHU에 달했다. 참고로 비교하자면, 경찰이 사용하는 최루 스프레이는 200만에서 500만SHU 사이 정도다.

그러나 희한하게도 고추의 유효성분인 캡사이신은 그렇게 맵지 않다. 실제로 캡사이신은 말초신경을 통해 뇌에 매운맛을 느끼는 것처럼

---

* chromatography, 시료들이 섞여 있는 혼합물을 이동속도의 차이를 이용하여 분리하는 기술이다.

반응하도록 신호를 보내도록 작용할 뿐이다. 캡사이신은 물에 녹지도 않는 데다가 물을 한 주전자나 들이켜도 입을 얼얼하게 하는 매운맛이 가시지 않는다. 그러나 버터, 우유, 치즈와 같은 지방과 잘 결합하고, 독한 술 역시 알코올이 용매로 작용하기 때문에 캡사이신의 이런 특성을 이용하면 매운맛의 고통에서 벗어날 수 있다.

하지만 1600만이라는 스코빌 지수를 자랑하는 블레어사의 '16밀리언 리저브Blair's 16 Million Reserve'라면 백약이 무효하다. 16밀리언 리저브는 의학적 사용을 위한 핫소스이며 100퍼센트 캡사이신 추출액으로 돼 있다. 1밀리리터 병 하나가 199달러에 팔리는데, 병에는 '실험 및 전시 전용'이라는 엄중한 경고문구가 박혀 있다. 다시 말해, 요리용으로 절대 사용하지 말라는 뜻이다.

☙ 관련 식물 ☙ 고추는 가지속에서 악명 높은 쪽에 속한다. 가지속은 토마토, 감자, 가지를 포함하며 담배, 흰독말풀, 사리풀 같은 독초도 역시 여기에 속한다.

사리풀
Henbane
HYOSCYAMUS NIGER

전설에 따르면 사리풀이라는 이름의
특별한 독초는 마녀들의 비행 묘약을
만들 때의 중요한 원료였다고 한다. 실
제로도 사리풀, 벨라돈나, 맨드레이크
등 유독식물로 만든 연고를 피부에 바
르면 날아가는 기분을 느끼게 된다. 이
런 식물의 혼합물은 여러 이유로 '악

과:	가지과
서식지:	온대성 기후에 널리 분포
원산지:	지중해 유럽, 북미
이명:	돼지 콩Hog's bean, 쓰레기 풀fetid nightshade, 악취나는 풀stinking Roger, 헨베인Henbane('닭을 죽이는 것'이라는 뜻)

마의 레시피'라고 불렸다. 의학 보고서에 따르면, 터키에서는 아이들이
사리풀 같은 몇몇 식물의 잎과 줄기, 열매를 먹는 놀이를 했다가 그중
4분의 1이 심하게 중독돼 다섯이 혼수상태에 빠지고 둘은 목숨을 잃었
다고 한다.

　사리풀은 일년생 혹은 이년생 잡초종이며, 30~60센티미터 정도의
크기로 자란다. 또한 안쪽에 '보라색 핏줄'이라고 부르는 선명한 무늬
를 가진 노란 꽃을 피운다. 작은 타원형의 누런 색 씨앗 역시 다른 부위
못지않게 독성이 강하다.

사리풀에 함유된 알칼로이드는 같은 과에 속하는 흰독말풀이나 벨라돈나와 비슷하지만, 악취가 특히 심한 것으로 유명하다. 로마의 저술가인 대★ 플리니우스는 "사리풀류는 뇌에 문제를 일으켜 정신을 어지럽히고 현기증을 유발한다"라고 언급한 적이 있다. 실제로도 북잉글랜드에 있는 안윅 독초 정원에서 관람객 두 명이 어느 더운 날 사리풀이 있는 곳에서 실신한 일이 있었다고 한다. 더위 때문이었을까? 아니면 정말 사리풀의 최면 효과였을까? 정확히 알 수는 없지만, 정원 측에서는 손님들에게 사리풀에 가까이 접근하지 말라고 경고하고 있다.

중세에는 취기를 높이기 위해 맥주에 사리풀을 넣었다. 그러나 1515년에 독일은 맥주를 홉, 보리, 물로만 주조하라는 '맥주 순수령' 법령을 발효하여 사리풀을 포함한 이상한 재료를 첨가하지 못하게 했다.(효모는 후일 효능을 인정받아 첨가가 허용됐다.)

19세기에 에테르와 클로로폼을 도입하기 전까지 로마 시대부터 사리풀은 매우 위험하고 불안정한 형태의 마취제로 사용했다. 사리풀, 양귀비, 맨드레이크 수액을 적신 '마취용 스펀지'를 말려뒀다가 수술이 필요할 때 그 스펀지를 온수에 적셔 환자에게 들이마시게 했다. 운이 좋으면 비몽사몽 정신을 잃었다가 아무 기억 없이 깨어나겠지만, 불행히도 이 약의 효능은 아주 들쭉날쭉했다. 양이 너무 적으면 환자는 수술과정의 고통을 모두 느꼈으며, 너무 많으면 아예 영원히 아무 감각도 느끼지 못하는 몸이 되고 말았다.

➲ 관련 식물 ≪ 흰사리풀Hyoscyamus albus과 이집트사리풀Hyoscyamus muticus도 가지과 식물이며 매우 독성이 강하다.

악마의 바텐더

식물 왕국에는 놀라울
정도로 향정신성 성분들이
많이 존재한다. 재고가
넉넉한 주점이라면 포도,
감자, 옥수수, 보리, 호밀
같은 일반적인 작물을
활용한 음료도 있겠지만,
알코올음료 중에는 이보다
훨씬 더 흥미로운 식물성
성분이 첨가된 것들도
많다. 19세기에 큰 인기를
누렸던 뱅 마리아니Vin
Mariani는 코카 잎과

레드와인으로 주조했다. 로더넘Laudanum 같은 약은 알코올과 아편으로
만들었는데, 20세기 초까지도 의사에 의한 치료제로 처방하는 데 그치지
않고 심지어 브랜디에 첨가해 중독성 칵테일을 제조하기도 했다.(영국의
조지 4세가 이 음료를 즐겼다.) 고대 그리스의 자료에는 키케온이라는
발효 보리 음료가 등장하는데 여러 향정신성 관련 사건을 일으켰다는
기록이 있다. 학자들은 맥각에 오염된 호밀로 키케온을 제조했으며,
이것이 LSD의 조상쯤 되는 음료가 아닌가 추측한다.
오늘날 주점에 숨어 있는 사악한 식물들을 소개해본다.

압생트 ABSINTHE

압생트의 향과 악명惡名은 약쑥에서 비롯된 것이다. 이 은빛의 작은 다년생 식물은 톡 쏘는 쓴맛이 강하다. 약쑥은 압생트의 향미를 내기 위해 사용하는 허브 중 하나다. 압생트는 19세기에 개발된 담록색의 고알코올성 주류로 환각과 광증을 유발하는 것으로 알려져 있다. '녹색 요정'으로도 불리는 압생트는 파리의 자유분방한 보헤미안식 카페 생활의 핵심으로 자리 잡았다. 오스카 와일드, 빈센트 반 고흐, 앙리 드 툴루즈 로트레크와 같은 예술가들도 모두 소문난 압생트 애호가들이었다. 그러나 20세기 초에는 금주 운동의 영향으로 유럽과 미국 전역에서 압생트 제조 및 음용이 금지됐다.

압생트가 왜 그렇게 위험할까? 약쑥에는 투욘이라는 강한 성분이 있는데, 고농축이 되면 발작과 사망까지 유발할 수 있다. 하지만 최근에 질량 분광계 분석을 통해 압생트의 투욘 수준은 극소량에 불과하다는 것이 밝혀졌으며, 심하게 취하는 이유도 진이나 보드카의 두 배에 달하는 도수인 65도에 이르기 때문이라고 한다.

투욘 수준이 기준 이하일 경우 이제 유럽연합에서 압생트는 합법이다. 반면에 미국은 투욘 함유 상품을 엄격하게 규제하지만 투욘이 첨가되지 않은 압생트 신제품은 허용하고 있다.

메스칼과 데킬라 MEZCAL AND TEQUILA

메스칼과 데킬라는 용설란으로 만든 술이다. 용설란은 가시가 날카롭고 수액이 매우 자극적이어서 알카트라즈 감옥에서는 죄수들의 탈출을 막기 위해 주변에 용설란을 심기도 했다. 데킬라는 블루 아가베라고 하는 아가베 테킬라나Agave tequilana를 재료로 하여 만들어졌으며, 이름 역시 여기에서 따왔으나 미국에서는 백년식물Agave americana이라는 호칭이 더 익숙할 것이다. 뾰족한 가시가 있고 건조한 사막 기후에서 주로 서식하지만 용설란을 선인장이라 할 수는 없다. 오히려 용설란속 식물은 옥잠화나 유카yuccas, 인기 있는 화분식물인 스파이더 플랜트Chlorophytum comosum에 더 가깝다. 메스칼 안에 든 벌레는 나방이나 바구미의 유충으로 용설란을 먹고 산다.

주브로브카 ZUBROWKA

폴란드의 전통 보드카인 주브로브카는 달콤한 풀이나 정결한 풀이라고 불리는 향모Hierochloe odorata의 잎으로 맛을 낸다. 유럽과 북미 원산으로 미대륙 원주민들은 이 풀을 이용해 빵을 굽고 향과 약을 만들었다. 향모는 혈액 희석제인 쿠마린의 천연소재이기도 하지만, 미국에서는 식품첨가제로서의 사용을 금지해서 1978년 이후에는 주브로브카의 수입도 금지됐다. 그러나 신기술 덕분에 쿠마린 없이도 증류가 가능해져 주브로브카 수입이 재개됐으나 이 술에서 여전히 나는 희미한 바닐라, 코코넛 향은 모두 향모 덕분이다. 폴란드에서는 원액을 종종 사과 주스와 섞어 시원하고 달콤하게 만들어 마신다.

메이 와인 MAY WINE

메이 와인은 독일의 화이트 와인이며, 지피식물인 서양선갈퀴Galium odoratum(Asperula odorata) 잎으로 만들어서 특유의 달콤한 풀 향미가 가미돼있다. 서양선갈퀴를 많이 섭취하면 현기증, 마비 증세를 겪거나 더 나아가 혼수상태나 사망에까지 이른다. 메이 와인을 만들 때는 서양선갈퀴 꽃이 피기 전 새순을 따되, 최소량만 사용해야 한다. 미국에서 서양선갈퀴는 식품첨가제로 안전하지 않다고 규정하여 알코올음료의 향미료로만 사용한다.

아그와 드 볼리비아 AGWA DE BOLIVIA

코카 잎 추출물로 만드는 허브 향미의 녹색 술이다. 코카를 사용하지만 청량
음료인 코카콜라처럼 제조 과정에서 알칼로이드가 제거되기 때문에 코카
인 성분은 함유하지 않는다. 이 술에는 인삼Panax spp. 및 과라나 열매 추출물
Paullinia cupana 같은 식물성 물질이 첨가돼 있다.

카나비스 보드카 CANNABIS VODKA

대마씨를 우려 만든 체코의 대표적인 보드카이다. 술병 바닥에도 대마씨가 한
줌이나 떠다니지만, 제조업자들 말에 따르면 술이 함유한 도취 성분은 알코
올뿐이라고 한다. 실제로도 대마초를 피울 때 쓰는 물담배 맛도 나지 않는다.

삼부카 SAMBUCA

아니스 향미가 나는 이탈리아 술로, 엘더베리Sambucus spp.로 만든다. 생엘더
베리에는 시안화물 성분이 함유돼 있으나 음주자가 걱정할 것은 숙취뿐이다.

콜라 토닉 COLA TONIC

아프리카 콜라너트Cola spp.로 만든 무알코올 음료다. 콜라너트는 코카콜라
제조에 등장하는 재료이기도 한데, 카페인이 들어 있어 서아프리카 국가들에
서는 가벼운 흥분제 삼아 껌처럼 씹는다. 콜라너트의 화합물은 자칫 유산을
유발할 수 있으며, 추출물이 무기력증과 현기증 등 말라리아와 비슷한 증상
이 나타날 위험이 있다는 연구 결과도 있다. 미국 식품의약국(FDA)은 콜라
너트를 무해한 음식 첨가제로 보지만 미국에서 콜라 토닉을 파는 곳은 거의
찾아볼 수가 없다.

토닉워터 TONIC WATER

토닉워터의 쌉쌀한 향미는 남미의 기나나무Cinchona spp. 껍질 추출물인 키니네 때문이다. 키니네는 사실 말라리아로부터 세상을 구한 약물이자, 토닉워터에 첨가한 덕분에 대표적인 여름 음료인 진 토닉을 탄생시키기도 했다. (인도를 점령한 영국인들이 쓴 키니네 약물을 이런 식으로 쉽게 복용했다.) 오늘날에도 토닉워터에 키니네가 들어 있으나 극소량이다. 자외선으로 토닉워터를 비추면 형광등처럼 빛을 발하는데, 이 역시 키니네 성분 때문이다. 키니네는 또한 베르무트와 비터즈와 같은 술에도 종종 들어 있다. 적은 양은 아무 부작용이 없으나 과용할 경우 자칫 키니네에 중독될 수도 있다. 중독 증세로는 현기증, 위장 장애, 이명, 시각 장애, 심장질환이 있다. 키니네 과다 복용은 매우 위험하므로 미국 식품의약국에서도 다리 경련 등의 치료를 위해 말라리아 약을 처방할 때는 반드시 용법대로 사용하라고 권고한다. 군용기 조종사들의 경우, 비행 72시간 전에는 토닉워터를 금해야 하며 혹여 마신다면 하루 1리터 이상은 초과하지 말아야 한다는 규정을 지켜야 한다.

이보가
Iboga
TABERNANTHE IBOGA

이보가는 키가 2미터 정도로 자라는 관목이며 아프리카 서부 해안의 중앙 지역에 있는 열대 관목림에서 자란다. 분홍색, 노란색, 흰색의 작은 꽃이 다발로 열리며, 나중에 하바네로 고추와 비슷한 생김새의 기다란 오렌지색 열

과:	협죽도과
서식지:	열대림
원산지:	서아프리카
이명:	검은 승마Black bugbane, 신의 잎leaf of God

매가 열린다. 이보가에는 이보가인이라는 강력한 알칼로이드가 특히 뿌리에 집중적으로 들어 있다. 이보가인으로 헤로인 중독 치료제를 만들 수 있으나 약제의 효능은 논란의 여지가 있다.

서아프리카의 브위티Bwiti 신도들은 이보가를 성스러운 의식을 치를 때 사용한다. 그들은 이보가에 의한 환각 증세를 선조들과의 소통, 성년식, 심신의 병을 치료하는 데 활용했다. 서구의 기자들도 이 의식에 매료될 정도였다. 특히 탐험가인 브루스 페리가 자신의 경험을 BBC 다큐멘터리 시리즈「부족Tribes」으로 발표하는 바람에, 아프리카 정글 여행과 밤새 환각과 구토에 시달리는 아프리카 의식에 관심이 많은 아웃사

이더들에게 마약 여행에 대한 뜨거운 관심을 부추기기도 했다.

　1962년, 하워드 롯소프라는 열아홉 살 미국 소년이 이 약을 구해서 한번 시험해보기로 했다. 가볍게 놀이 삼아 마약을 하고 싶었겠지만 이보가인을 맛보자 지금껏 즐기던 헤로인 따위는 완전히 흥미가 사라지고 말았다. 나중에는 몇몇 친구들까지 불러 약을 사용해봤더니 일부가 같은 반응을 보였다. 20년이 지난 후에도 롯소프는 또 다른 사악한 식물인 양귀비의 중독 증상을 치유하는 효능이 있는 이보가에 여전히 관심을 뒀다. 그는 이보가인을 기초로 한 신약 특허를 내고 도라 와이너 재단을 설립해 마약 중독 관련 대안 치료 연구를 지원했다. 물론 회복의 정도는 다르지만 약물 중독자들은 이보가인 치료법으로 어느 정도 효과를 봤다. 혹자는 이보가인을 통한 치료가 뇌의 화학 작용을 완전히 리셋하기 때문에 더는 마약에 빠지지 않게 하며, 이보가인에 의한 환각이 자신의 마약 의존에 관한 근본적인 이유를 꿰뚫어 보는 새로운 통찰력을 준다고 주장한다. 그러나 이보가인은 스케줄 I에 해당하는 규제 약물이며, 미국 식품의약국 또한 이보가의 의료적 사용을 불허하고 있다.

　세계 각국에서 이보가인 중독으로 사망한 기록도 여럿 있다. 2006년에 리치 키즈Rich Kids의 리드싱어인 펑크 로커, 제이슨 시어스의 사망 원인도 여기에 속한다. LSD 중독을 치료하기 위해 입소한 멕시코의 티후아나의 요양소에서 이보가인 약물을 복용했던 것이다.

➤ 관련 식물 ➤   향기로운 열대 관목 플루메리아와 같은 과에 속한다. 또한
협죽도나 화살 독에 쓰이는 식물인 독화살나무, 자살나무인 케르베라 오돌람
같은 다른 유독식물도 동류에 해당한다.

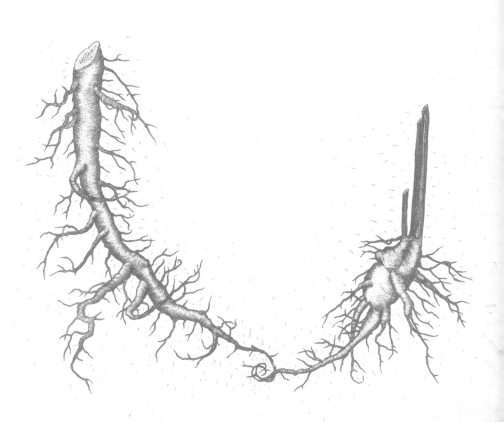

독말풀
Jimson Weed

DATURA STRAMONIUM

1607년, 버지니아의 제임스타운에 도착한 정착민들은 분명 정착지를 제대로 골랐다고 기뻐했을 것이다. 왜냐하면 시야가 탁 트여 스페인 정복군을 감시하기 좋고, 수로가 깊어 배의 항해도 가능했기 때문이다. 그리고 무엇보다 이 섬에는 무서운 인디언들이 없었다.

과:	가지과
서식지:	온화한 열대 기후
원산지:	중앙아메리카
이명:	악마의 나팔devil's trumpet, 가시 사과thorn apple, 제임스타운 위드Jamestown weed, 문 플라워moonflower

그러나 이 불운한 정착민들은 오래지 않아 그 이유를 실감해야 했다.

섬은 극성맞은 모기, 더러운 식수, 야생의 먹거리도 턱없이 부족한 곳이었을 뿐만 아니라 아름답기 그지없는 풀들로만 가득 덮여 있었다. 그리고 어리석게도 몇 사람이 이 풀, 바로 독말풀을 먹는 끔찍한 실수를 저지르고 말았다. 환각, 발작, 호흡 곤란 등을 동반한 그들의 죽음은 너무나도 끔찍하여 남은 정착민과 자녀들의 가슴에 영원히 잊지 못할 상처를 남겼다. 70여 년 후, 이 신생 식민지의 첫 반란을 진압하기 위해 영국 군인들이 입성했다. 그때 정착민들은 바로 이 독초의 효능을 기억해

내고 병사들의 음식에 독말풀 잎을 몰래 넣었다.

물론 영국 병사들이 죽지는 않았지만 열하루 동안 발작 등의 증세로 심하게 고생한 덕분에 잠시나마 정착민들이 우위를 점할 수 있었다. 독말풀 중독에 관한 한 초기 역사학자의 글을 인용해보면 다음과 같다. "허공에 깃털을 불어 날리는 사람, 깃털을 향해 난폭하게 지푸라기를 던지는 사람, 벌거벗은 채 원숭이처럼 방구석에 앉아 실실 웃거나 인상을 쓰는 사람, 심지어 동료에게 키스하거나 그 몸을 은근히 주물럭거리는 사람도 있었다."

독말풀만으로 영국의 지배를 뒤집을 수는 없었으나 나름대로는 대단한 활약을 했다고 볼 수 있었다. 그 바람에 독말풀은 제임스타운 위드 Jamestown weed라는 별명을 얻고, 수 세기에 걸쳐 짐슨 위드Jimson weed로 불렸다. 독말풀은 북아메리카 전역에서 번성하며 특히 남서부 지역에서 잘 자란다. 50~100센티미터까지 자랄 수 있으며, 트럼펫 모양의 흰색 또는 보라색 꽃은 그 크기가 15센티미터에 달하는데 밤이면 꽃봉오리가 오므라든다. 독말풀 열매는 담록색의 작은 달걀 크기이며 가시로 뒤덮여 있다. 가을에 씨앗이 터지는데 그 독성이 매우 강하다.

독말풀 중독 증세는 벨라돈나와 흡사하다. 식물 전체에 환각과 발작을 유발하는 트로판 알칼로이드가 함유돼 있는데 특히 씨앗을 중심으로 몰려 있다. 시간과 식물 부위에 따라 독성의 강도가 크게 다르기에 혹시라도 섭취하려는 무모한 도전은 삼가는 편이 좋다. 장난삼아 독말풀을 복용한 어떤 사람은 이런 기록을 남기기도 했다. '이 환각 체험에서 제일 섬뜩한 부분은 숨이 저절로 멈춘다는 점이다. 결국 억지로 횡격막 호흡을 해야 했는데 그 증세가 밤새도록 이어졌다.'

한 캐나다 여성은 독말풀 씨앗을 향신료로 착각해 햄버거 패티에 넣었다가(다음 해 정원에 심기 위해 꼬투리를 스토브 위에서 얹어 말려두고 있었던 것이다), 24시간 동안 혼수상태에 빠졌다. 나중에 간신히 정신을 차리고 의사들에게 왜 그랬는지 이야기는 했으나, 결국 남편과 함께 병원에서 사흘간 머물러야 했다.

십대들(그리고 십대처럼 행동하는 철없는 어른들)은 환각 성분인 아질산아밀을 찾다가 독말풀 잎으로 차를 만드는 그야말로 어리석은 짓을 저지르기도 한다. 그러면 섬뜩하고도 혼란스러운 환각이 며칠씩이나 서서히 이어진다. 그 밖의 다른 부작용으로는 뇌세포를 죽이고 자율신경체계가 파괴될 정도의 고열이 있다. 자율신경이 심장박동과 호흡을 조절하지 못하게 되면 혼수상태에 빠지거나 죽음에도 이를 수 있다.

➤ 관련 식물 ◀ 가지과에 속한 독말풀 종류에는 모두 독성이 있다. 화사한 색감의 청보랏빛 세겹독말풀Datura inoxia은 미국 남서부에 주로 피며, 매우 밀접한 종류인 브루그만시아brugmansia는 화단식물로 인기가 높다.

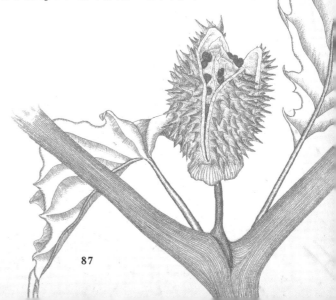

식물계의 범죄조직

식물의 범죄 성향이 얼마나 집요한지 눈여겨본 적이 있는가? 어떤 과의
식물은 살인마가 부럽지 않을 정도다. 날카로운 가시, 유백색 수액,
갈라진 잎 등 이들 식물을 분류하는 특성들도 그 고유의 성향을 여실히
드러내고 있다.

가지과 식물 NIGHTSHADE FAMILY   Solanaceae

가지과에는 인간이 접할 수 있는 최고와 최악의 식물군을 모두 포함하고 있
다. 특히 감자, 고추, 가지, 토마토야말로 가지과에서 제일 존중받는 것들이

아닌가 싶다. 하지만 유럽 정착민들이 신세계에 발을 들이고 처음으로 토마토를 접했을 때만 해도 토마토가 다른 가지과 식물처럼 독성이 강하다고 믿었다. 토마토도 어차피 사촌 격인 벨라돈나와 큰 연관성이 있지 않은가. 그밖에도 마약으로 사용되는 맨드레이크, 유해하기 이를 데 없는 담배, 독성에 환각 성분까지 있는 사리풀, 독말풀 등 사악한 친척은 얼마든지 있다.

가지과 식물은 오랫동안 의심과 불신의 대상이었다. 17세기 철학자 존 스미스는 '인간의 이해력에 냉혹한 독을 주입하는 치명적 독성의 벨라돈나'의 사악한 힘을 '죄와 악에서 피어나 응고된 연기'라고 표현하기도 했다. 실제로 대다수의 가지과 식물에는 트로판 알칼로이드가 들어 있어 환각, 발작, 심각한 혼수상태를 유발한다.

피튜니아 역시 가지과다. 실제로도 피튜니아 꽃의 생김새만으로도 가지과 식물의 속성을 아는 데 어느 정도 실마리를 얻을 수 있다. 혹여 이런 특성을 몰라도 작고 둥근 열매를 맺거나, 토마토나 가지와 생장 습성이 비슷한 낯선 식물에는 늘 조심스럽게 접근해야 한다.

캐슈과 식물 CASHEW FAMILY   Anacardiaceae

이 과에 속한 나무나 관목은 일반적으로 핵과核果다. 즉, 씨앗이 딱딱한 껍데기로 덮여 있고, 여기에 그 껍데기가 말랑하고 촉촉한 과육으로 싸여 있는 형태의 과일이라는 뜻이다. (망고가 대표적인 예며, 캐슈과는 아니지만 복숭아와 체리도 핵과를 맺는다.) 그러나 캐슈과 식물의 가장 큰 특징은 수지樹脂의 독성이 고통스럽고 만성적인 발진을 일으킨다는 데 있다. 그뿐만 아니라 캐슈과 식물을 태우는 것도 유독한 연기로 인해 폐에 화상을 입힐 수 있으니 금물이다.

캐슈과에서는 덩굴옻나무, 오크옻나무, 수맥옻나무가 제일 무서운 구성원일 것이다. 망고와 캐슈나무도 자극성 수지인 우르시올을 만들어내는데 이 점은 옻나무도 마찬가지다. 옻나무류에 민감한 체질이라면 망고 껍질이나 옻칠이 된 가구를 통해서도 옻이 오를 수 있다. 다른 비슷한 관련 식물로는 피스타치 오나무, 은행나무, 포이즌우드poisonwood tree, 후추나무가 있다.

쐐기풀과 식물 NETTLE FAMILY   Urticaceae

쐐기풀과의 식물들은 겉으로는 해가 없어 보이나, 기이한 해부학적 특징과 뾰족뾰족한 털로 유명하다. 복숭아 솜털처럼 보드라울 것처럼 보이는 털은 살에 박히면 미미한 양의 독을 방출한다. 간지럽고 따끔거리는 증세를 일컫는 의료용어인 '두드러기urticaria'라는 단어도 쐐기풀로 인한 피부염증에서 그 이름을 따왔다.

쐐기풀과는 대부분 키가 작으며, 잎 가장자리에 톱니가 있기는 해도 겉보기에는 민트나 바질을 닮았다. 세계에서 제일 따가운 식물로 알려진 호주쐐기나무Australian stinging tree 역시 쐐기과지만, 쐐기과에서 제일 잘 알려진 것은 서양쐐기풀Urtica dioica일 것이다. 쐐기풀과에 달린 털은 너무도 고와 이런 식물을 모르는 사람은 털이 돋아난 것조차 모를 때가 많다. 쐐기풀은 자극성 털뿐 아니라 잎과 줄기가 이어진 부분에서 피어나는 작은 꽃송이로도 알아볼 수 있다. 어쨌든 낯선 털이나 솜털이 돋아난 잎은 아예 건드리지 않는 것이 제일 안전하다.

대극과 식물 SPURGE FAMILY   Euphorbiaceae

대극과 식물은 대부분 유백색의 자극성 수액을 가진 점이 큰 특징이다. 지중해 화단에서 흔히 피어 있는 유포르비아 식물들이라면 쉽게 알아볼 수 있지만, 다른 대극과 식물들은 눈으로 봐도 그 관련 특징이 뚜렷하지 않다. 포인세티아, 연필선인장, 텍사스황소쐐기풀, 피마자, 고무나무, 샌드박스나무, 말라무헤르, 밀키 맹그로브, 만치닐도 모두 대극과다. 대극과 식물은 주로 피부에 염증을 일으키거나 흉터를 내지만, 피마자 같은 것은 독성이 강해 먹으면 사망할 수도 있다. 그래서 적어도 유백색 수액이 나오는 식물은 피부나 눈을 다치게 할 수도 있으므로 조심스럽게 다루어야 한다. 대극과 식물 일부는 유포르비아나 포인세티아 꽃을 보면 알 수 있겠지만, 다채로운 색의 포엽包葉으로 구분이 가능하다.

당근 또는 파슬리과 식물 CARROT OR PARSLEY FAMILY　　　Apiaceae

이 과의 식물들은 대체로 건강하고 아름다운 구성원들로 구성돼 있지만, 그 속에는 몇몇 악당들이 숨어 있다. 당근, 딜, 펜넬, 파슬리, 아니스, 러비지, 처빌, 파스닙, 캐러웨이, 코리앤더, 안젤리카, 셀러리는 모두 없어서는 안 될 식재료이지만 어느 정도 주의는 필요하다. 셀러리, 딜, 파슬리, 파스닙 등은 광독성光毒性이라 피부접촉 부분이 햇볕에 노출될 경우 염증을 일으킬 수 있다. 특히 정원용 꽃 중 하나인 아미초Ammi majus는 강한 광독성으로 인해 씨에 접촉한 것만으로도 피부가 영원히 검게 변할 수 있다.

하지만 진짜 위험한 것은 독미나리, 독당근, 큰멧돼지풀, 어수리 등의 관련 식물들이다. 이 야생식물들에는 신경독과 피부 자극 성분이 있지만 같은 과의 식용식물과 생김새가 비슷해 등산객과 요리사들이 종종 치명적인 실수를 저지르곤 한다.

당근과 식물을 알아보기는 아주 쉽다. 야생 당근이 전형적인 예다. 대부분의 당근과는 레이스처럼 예쁘게 갈라진 잎, 꼭대기 부분이 납작한 꽃송이 모양을 이루는 산형화서傘形花序 형태의 꽃과 당근 모양의 뿌리 같은 특징이 있다.

카트
Khat
CATHA EDULIS

카트는 1993년 모가디슈 전투에서 미국의 블랙호크 헬기를 격추시키는 작지만 중요한 역할을 해냈다. 총을 가진 소말리아인들이 카트 잎을 먹고 잔뜩 취해서는 모가디슈 주변을 돌아다녔던 것이다. 약 기운은 밤늦게까지 이어지다가 끝내 추락 현장에 갇힌 미국 병사들을 잔인하게 죽이고야 말았다.

과:	노박덩굴과
서식지:	열대지방 해발 1000미터 이상 고지
원산지:	아프리카
이명:	카트qat, 챗chat, 아비시니안 차Abyssinian tea, 미라miraa, 자드jaad

미국 작가 마크 보든은 『블랙 호크 다운』의 집필을 위해 조사하던 중, 소말리아로 가는 흥미로운 여행 루트를 찾아냈다. 바로 카트를 실은 비행기를 얻어 탄 것이다. 카트 잎은 신선할 때 소비해야 하기에 보든은 그날 자신 때문에 싣지 못한 카트의 양만큼 돈을 내야 했다. 그는 한 인터뷰에서 "나를 태우기 위해 카트 잎 100킬로그램을 덜어냈다. 즉, 소말리아에 들어가기 위해 내 몸값을 카트로 지불한 셈이다"라고 언급하기도 했다.

카트 잎에 취하면 몇 시간씩 머리가 맑아지는 듯한 황홀감에 빠진다. 예멘과 소말리아에서는 성인 중 4분의 3 정도가 카트를 소비하며, 뺨과 잇몸 사이에 잎을 욱여넣는 복용 방식은 남미에서 코카인을 사용하는 방식과 같다. 그래서 카트 역시 코카인처럼 수백 년 동안 내려온 문화의 식이라는 주장과 공공보건에 해가 된다는 주장이 찬반 논쟁을 불러일으켰다.

카트를 실은 비행기가 소말리아에 착륙하면 화물은 몇 시간 내에 내려져 배포가 끝난다. 남자들은 카트 잎을 씹으며 황홀경에 취해 어슬렁거릴 뿐 가족도, 일도 신경 쓰려 하지 않는다. 카트를 장기 복용하면 공격적이 되고 환각, 과대망상, 정신이상으로 이어지지만 전형적인 카트 중독자라면 그런 이상 징후 따위는 전혀 개의치 않는다. 누군가는 "카트를 씹으면 세상 문제가 다 사라지는 듯하다. 카트는 형제나 다름없다. 근심 걱정을 다 없애주지 않는가"라고 말하기도 한다. 심지어 "카트를 씹으면 몸과 마음이 꽃처럼 활짝 피어난다"라고 말하는 이도 있다.

카트는 꽃이 피는 관목이다. 에티오피아와 케냐에서 잘 자라는 이유는 일조량이 많고 기온이 높기 때문이다. 붉은 줄기에서 윤기가 흐르는 어두운 색 잎이 돋아나는데, 어린잎의 가장자리에는 붉은 테두리가 뚜렷하다. 야생에서는 키가 6미터 이상 자라지만 재배종은 겨우 1.5~2미터에 불과하다.

카트에 함유된 성분 카티논은 미국에서 스케줄 I에 해당하는 마약으로 분류돼 대마, 페요테와 같은 기준으로 관리하고 있다. 카트 잎 속의 카티논 함량은 수확 후 48시간이 지나면 급격히 떨어지는데, 이것이 바로 마약 밀수꾼들이 야생종에 집착하는 이유다. 카티논이 소멸하면 카틴 성분만이 남아서 체중 감량제인 에페드린과 성분이 흡사해지게 된다. 그래서 분석이 필요할 경우, 카트 잎을 신속하게 실험실로 가져가야 한다. 48시간이 지나게 되면 그토록 공들인 마약 수사가 기껏 다이어트 식품을 강탈한 꼴이 되기 때문이다.

시애틀, 밴쿠버, 뉴욕의 마약상들은 작은 식료품점 카운터 아래에 카트 잎을 숨겨놓고 소말리아 이주민들에게 팔다가 단속을 당했다. 2006년 소말리아의 이슬람 운동은 이들 지역에서의 카트 복용을 불법으로 규정하고, 케냐에서 들어오는 비행기를 통제하여 전수 조사했다. 카트의 복용을 발본색원하기 위해서였다. 이제 소말리아인들이 소위 국민 아편인 카트를 포기할 것이냐의 문제만 남아 있을 뿐이다.

➢ 관련 식물 ☙   열대와 온대 기후의 덩굴과 관목 1300여 종이 카트와 관계가 있다. 여기에는 독성이 강한 노박덩굴속 식물과 화살나무속Euonymus 식물도 해당한다.

살인 해조
Killer Algae
CAULERPA TAXIFOLIA

1980년, 독일 슈투트가르트의 동물원 직원은 수족관에서 열대 해조인 콜레르파 탁시폴리아Caulerpa taxifolia의 변종을 발견했다. 지중해 어류가 서식하기 좋은 차가운 수온 속에서 생장할 수 없어야 하는데, 신기하게도 차가운 수족관에서 파릇파릇하고 싱싱하게 자라기만 했다. 이게 대체 어떻게 된 걸까? 이에 대해 과학자들은 수족관의

과:	옥덩굴과
서식지:	지중해, 캘리포니아 태평양 연안, 열대 및 아열대 호주 연해, 전 세계 해수 수족관
원산지:	프랑스 해안에서 최초 발견됨. 카리브해, 동아프리카, 북인도 등이 원산지
이명:	콜레르파caulerpa, 지중해 클론Mediterranean clone

화학약품과 자외선에 지속해서 노출되는 바람에 유전자 변이가 발생하여 생존력이 강해진 것으로 보고 있다.

소문이 돌자 다른 수족관들에서도 이 해조를 전시하고 싶어했다. 그렇게 모나코의 자크 쿠스토 해양박물관으로도 옮겨가게 됐지만, 직원의 작은 실수로 해조가 야생으로 유출되고 말았다. 기록에 의하면, 1984년에 직원이 탱크를 청소하다가 생긴 찌꺼기를 바다로 흘려보냈

다고 한다.

　1989년, 프랑스의 생물학 교수인 알렉상드르 메네즈가 박물관 인근 지중해 바다에서 살인 해조의 서식지를 최초로 발견했다. 그는 열대 해조가 차가운 바닷물 속에서 잘 자란다는 사실에 크게 놀라 동료들에게 이 식물의 급속한 침입성에 대해 경고했다.

　이로써 살인 해조가 어디에서 왔고 침입성이 얼마나 강한지, 생태계에 창궐할 경우 어떻게 대처할지에 대한 논쟁이 10년 이상 이어졌다. 위원회가 꾸려지고 이 소식이 언론에 오르내리는 동안 살인 해조는 전 세계 68개 지역으로 번져나갔고 약 50제곱킬로미터나 되는 해저 바닥을 뒤덮고 말았다. 오늘날 이 살인 해조가 만들어낸 푸른 카펫의 면적은 전 세계 130제곱킬로미터 이상으로 늘어났다.

　살인 해조가 단세포 조직이라는 사실을 고려하면 이 번식력은 실로 놀라운 일이 아닐 수 없다. 깃털처럼 길게 갈라진 잎, 튼튼한 줄기, 바다 바닥에 몸을 박은 단단한 뿌리까지 하나의 거대한 세포에 불과한데, 60 센티미터 넘게 키가 크고 하루에 1~2센티미터씩 자란다니! 살인 해조는 세상에서 제일 클 뿐 아니라 제일 위험한 단세포 유기체에 속한다.

　물론 살인 해조가 인간을 죽이는 것은 아니다. '콜레르파 탁시폴리아'라는 이름은 콜레르페닌이라는 물고기를 죽이는 독소에서 비롯된 것이다. 이 독성 때문에 해양생물들이 살인 해조를 갉지 않게 되고 그 덕분에 생존에 제한을 받지 않고 전 세계 해양으로 번져 나갈 수 있었다. 이 푸릇푸릇한 식물은 해저 3미터 깊이에 목장을 이루고는 다른 해양생물의 숨통을 조인다. 이 때문에 물고기는 죽어가고 수로는 살인 해조로 틀어막힐 지경이다.

그 수족관에서 출발한 변종 콜레르파 탁시폴리아는 수놈뿐이다. 즉, 전 세계 살인 해조가 모두 하나의 조상에서 갈라져 나왔다는 뜻이다. 살인 해조는 증식을 통해 번식한다. 만약 조각 하나가 떨어져 나와 선박 프로펠러에 갈가리 찢기면, 조각들이 해류에 떠내려가며 바다 전체로 퍼지게 된다. 콜레르페닌 독소는 젤 형태로 변하여 한 시간 안에 찢어진 상처를 치유하고 그 조각은 곧 자신만의 목장을 만들 정도로 쑥쑥 자란다.

살인 해조는 미국에서 독초로 분류돼 있어 국내 반입도 안 되고 배에 실려 주州 경계를 넘을 수도 없다. ISSG(침입 외래종 관련 전문가 네트워크, Invasive Species Specialist Group)에서 살인 해조를 세계 100대 최악의 침입종으로 지정했으나, 찢어 없애려는 시도가 오히려 번식력에 일조하는 바람에 박멸 시도는 그다지 성과를 보지 못했다. 샌디에이고에서는 무려 0.001제곱킬로미터에 달하는 해조들의 밭 위에 방수포를 덮은 뒤, 그 안에 염소를 불어넣는 방식을 취하여 약간의 성과를 보는 듯하지만 아직은 승리를 장담하지 못한다고 한다. 살인 해조의 조각이 1밀리미터만 바다에 방출되면 곧 어디든 뿌리를 박고 또다시 번질 것이기 때문이다.

☙ 관련 식물 ☙ 식용 해초인 갈파래Ulra lactuca를 비롯해 작은 녹조류들이 끔찍한 살인 해조와 관련이 있다.

잠시 멈춰서 돼지풀의 향기를 맡아봐라

독성이 있는 씨앗은 씹어
삼킬 때만 위험하다. 독성이
있는 잎을 굳이 살에 대고
문지르지 않는 한 고통스러운
발진이 생길 일도 없다.
하지만 어떤 식물은 아주
자극적인 알레르겐을 공기
중에 살포하는 식으로 영역을
넓혀나간다.
계절성 알레르기가 매년
심해지는 데는 이유가 있다.
원예가와 정원사들이 정원을
예쁘게 가꾼답시고 수그루만

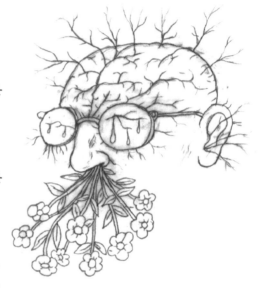

심으려 들기 때문이다. 암그루는 열매를 떨구어서 보도나 잔디를
엉망으로 만들어놓지만 수그루는 작고 얌전한 꽃만 피운다. 다만, 그
얌전함의 이면에는 몇 주일씩 식물성 정액을 공기 중에 뿜어대는 것이
숨어 있지만 말이다.
1950년대와 60년대, 병에 걸린 미국느릅나무를 풍매화風媒花 식물류의
수그루로 대체했다. 그 결과, 특히 남동부 도시들은 꽃가루로 인해 심각한
알레르기와 천식으로 사람들이 살지 못할 지경에 처했다.
그러나 희한하게도 집주인들은 이 나무들을 제거하려 들지 않는다.
한 알레르겐 전문가의 설명에 의하면 어느 집 정원에 거대한 뽕나무

수그루를 키우는데 꽃가루를 씻어내겠다며 호스로 잔뜩 물을 뿌렸다는 것이다. 부부 모두 목이 메는 통에 밤새도록 화장실을 들락날락한 후에야 제대로 숨을 쉴 수 있었다. 이런 일이 생긴 이유는 꽃가루가 물속에서 엉기면 알레르겐을 더 많이 방출하기 때문이다.

다음의 식물들은 집 마당에서 제거하는 편이 좋다.

돼지풀 RAGWEED — *Ambrosia* spp.

환경 적응성이 뛰어난 돼지풀은 미국과 유럽 전역에 널리 퍼져 있는데, 한 그루가 한 계절 동안 수십억 개의 꽃가루를 만들어낸다. 꽃가루는 며칠 동안 허공을 떠돌며 수 킬로미터를 번져나가 전체 알레르기 환자의 약 75퍼센트에 영향을 준다. 또한 멜론, 바나나, 수박 등 비슷한 단백질을 가진 식물과 결합해 변종 알레르기를 만들어낸다. 돼지풀은 이산화탄소 수준이 높을수록 꽃가루를 많이 배출하므로 지구온난화는 상황을 더 악화시킨다.

나한송 YEW PINE — *Podocarpus macrophyllus*

나한송은 작은 관목으로, 가로수나 정원의 빈틈을 메우는 기초식물로 인기가 많다. 그러나 꽃가루를 대량으로 퍼뜨리는 이 식물을 교외에서는 종종 창문 바로 아래 심는 탓에 알레르기 환자들이 목이 따끔거리는 등의 고통을 겪는다. 이런 상황이니 침대에서 보내는 시간이 많을수록 증세는 악화될 수밖에 없다.

후추나무 PEPPER TREE

Schinus molle or Schinus terebinthefolius

문제의 소지가 많은 조경수로, 침입성도 강하고 악성 피부 발진을 유발한다. 섭취 시, 열매의 독성에 해를 입을 수 있다. 오래가는 개화기에는 수그루가 엄청난 양의 꽃가루를 뿜어낸다. 덩굴옻나무를 포함한 옻나무속 식물과 관련이 깊어서, 옻에 민감한 사람은 후추나무로도 고통을 겪을 수 있다. 후추나무는 증발하면 가까이 있는 것만으로도 천식, 안와염 등의 증상을 유발하는 휘발성 오일을 만들어내는 특성이 있다.

올리브나무 OLIVE TREE

Olea europaea

올리브의 꽃가루는 여러 종류의 알레르겐을 다수 생산하기 때문에 매우 자극적이다. 이에 몇몇 도시에서는 올리브나무를 완전히 제거하려고 애쓰고 있다. 애리조나의 도시인 투손은 올리브나무를 매매하거나 심지 못하게 하는 법령까지 통과시켰다.

뽕나무 MULBERRY

Morus spp.

봄철 알레르기의 가장 강력한 주범이라고 할 수 있다. 뽕나무에서 날리는 수십억 개의 꽃가루 입자는 금세 테라스에 잔뜩 쌓이거나 실내에 유입된다.

히말라야삼나무 HIMALAYAN CEDAR

Cedrus deodara

삼나무는 성장 속도가 빨라 키가 25미터, 폭이 12미터에 달할 정도로 자라며 북아메리카와 유럽 난동暖冬 지역의 정원과 공원에서 쉽게 찾아볼 수 있다. 가을이면 수그루에 달린 작은 원뿔형의 구과毬果에서 꽃가루가 날린다. 계절성 알레르기 환자는 삼나무 꽃가루에 매우 취약하므로 되도록 피해 지내야 한다.

병솔나무 BOTTLEBRUSG
Callistemon spp.

북아메리카, 유럽, 호주에서 주로 자라는 화려한 생김새의 관목이다. 긴 털처럼 생긴 붉은 수술 끄트머리에서 금색 꽃가루를 방출한다. 꽃가루가 삼각형 모양이라 사람의 부비강에 쉽게 박히므로 특히 지독한 알레르겐이라는 취급을 받고 있다.

향나무 JUNIPER
Juniperus spp.

이 상록수는 심각한 알레르겐의 원인임에도 불구하고 간과할 때가 많다. 수그루에 달린 솔방울에서 꽃가루를 다량 방출한다. 암수가 같이 있는 자웅동주의 일부 향나무는 열매를 맺을 뿐 아니라 꽃가루까지 날린다.

우산잔디 BERMUDA GRAS
Cynodon dactylon

미국 남부와 전 세계 온대 기후 지역에서 인기 있는 잔디지만, 역시 알레르겐 생산의 심각한 주범이라고 할 수 있다. 우산잔디는 꾸준하게 꽃을 피우는데 바닥에 바짝 붙어 자라는 탓에 잔디깎이로도 잘 제거되지 않는다. 신품종은 꽃가루가 날리지 않으나, 옛 품종들은 그 문제가 심각해 남서부의 몇몇 도시에서는 금지되기까지 했다.

칡

Kudzu

PUERARIA LOBATA

'칡이 세상을 구한다!' 1937년 『워싱턴 포스트』는 이런 제목의 기사를 실으며 이 외국 식물이 토사 유실과 침식을 막아준다고 널리 알렸다. 그리고 실제로 100년 가까이 칡은 미국 정원사와 농부들의 전폭적인 지지를 얻었다.

과:	콩과
서식지:	온대 습윤 기후
원산지:	중국이지만 1700년대 일본에 유입
이명:	초고속 넝쿨mile-a-minute vine, 남부를 삼킨 덩굴the vine that ate the South, 일본어로 칡kudzu는 '쓰레기' '쓸모없는 물건'을 뜻함

　1876년 필라델피아서 열린 '100주년 박람회'는 그야말로 경이로운 물건들의 축제였다. 1000만 명의 미국인이 그곳에서 처음으로 전화기와 타자기를 구경하고 일본에서 넘어왔다는 기적의 식물, 칡의 존재를 알게 됐다. 식물애호가들도 칡꽃의 포도 같은 향, 그리고 격자 구조물의 위를 기가 막힌 속도로 기어오르는 재주에 반하고 말았다.

　농부들은 가축들이 칡넝쿨을 먹는다는 사실을 알고 여물로도 만들었다. 심지어 칡은 흙을 죄어 토사 유실을 막아주기도 했다. 정부까지 나서서 부추긴 덕에 칡은 번식을 위한 모든 지원을 확보한 셈이 됐다.

칡은 미국 남부 지역을 위해 특별한 안배까지 고려했다. 남부는 칡에 있어 낙원과도 같은 곳이어서 따뜻하고 습한 여름이면 하루 30센티미터씩 자랐다. 칡은 번식의 왕이다. 근두根頭 하나에서 줄기가 스무 개까지 뻗어 나오는데 덩굴 하나하나가 30미터 이상 뻗어 나가기 때문이다. 거대한 뿌리 하나는 최대 약 180킬로그램까지 무게가 나간다. 잎은 언제든 스스로 방향을 바꾸고 몸을 비틀 줄 알아서 햇볕을 최대한 받아들인다. 요컨대, 태양 에너지를 철저히 흡수하면서 자기 밑에 깔린 식물에는 아예 햇볕이 닿지도 못하게 하는 것이다.

칡은 추위 따위는 아랑곳하지 않고 땅속줄기와 씨로 번식한다. 그 덕분에 씨는 몇 년이 지난 후에도 얼마든지 싹을 틔울 수 있다. 엄청난 기세로 나무들의 숨통을 조이고 초원을 뒤덮는 데다 건물을 훼손할 뿐만 아니라 전선마저 끌어 내린다. 남부 사람들은 밤에 덩굴이 침실까지 침투할까봐 잠잘 때 창문도 열지 못한다고 말한다.

칡넝쿨은 미국에서만 약 3만 제곱킬로미터를 뒤덮고 그로 인한 피해는 수억 달러에 달한다. 버지니아의 포트피켓 군사기지 훈련장 약 1제곱킬로미터를 망가뜨렸건만 M1 에이브럼스 전차도 칡의 걷잡을 수 없는 요새만큼은 뚫지 못했다.

그러나 남부 지역 역시 물러서지 않았다. 제초제 살포 캠페인과 계획된 방화, 그리고 새로 자란 덩굴 제거 등으로 꾸준히 칡을 주시하고 있기 때문이다. 또한 남부 사람들은 칡잎 튀김, 칡꽃 젤리, 칡 줄기 살사 요리 등으로 칡덩굴을 먹어치워서 알차게 제거에 힘을 보태고 있다.

관련 식물 칡은 콩과 식물이다. 콩, 알파파, 클로버 같은 유용한 식물과 관련성이 깊다.

죽음의 잔디

잔디가 그렇게 위험한지 누가 알겠는가? 사악한 잔디는 면도날 같은
잎으로 사람의 살갗을 도려내고 마구 날리는 꽃가루로 목을 메이게 할
뿐만 아니라 마약처럼 취하게 하고
시안화물 성분으로
중독시킬 수도 있다.
잔디는 쓰레기를 태우는
인부 노릇도 한다.
갑자기 불꽃을
터뜨려 씨와 줄기를
잿더미 너머로
퍼트리기 때문이다.

띠 COGON GRASS   *Imperata cylindrical*

밝은 연초록색 잎을 가진 띠는 1미터 이상 자라며 앞길을 막는 건 뭐든 집어
삼킨다. 잎 끝부분에는 실리카 결정이 박혀 톱날만큼이나 날카롭고 깔쭉거린
다. 뿌리는 땅속 1미터 깊이까지 파고들고, 가시 같은 뿌리줄기로 다른 식물들
의 뿌리를 꿰뚫어 제거하는 식으로 세계 지배를 꾀하고 있다.

일부 식물학자들은 띠가 함유된 독성으로 다른 식물들을 처치한다고 주장하
나 사실 독성 따위는 필요도 없다. 띠의 주된 무기는 불이기 때문이다. 가연성
이 높은 덕에 초원으로 불씨를 끌어들인 다음, 다른 식물들 쪽으로 불길을 풀

어놓아 무시무시할 정도로 활활 태워버린다.(전기톱에서 불똥 하나가 튄 것 만으로 플로리다 오칼라의 약 3만 제곱미터가 불길에 휩싸였다.) 그리고 마 치 잿더미에서 불사조가 부활하듯, 다 타버린 뿌리에서 새로운 띠 잎이 피어 나 지옥 불의 정화를 거친 것보다 더욱 강하게 자라기 시작한다. 불이 없을 때 면 바람으로도 영역 확장이 가능하다. 띠 하나가 수천 개의 씨앗을 100미터 넘는 곳까지 날릴 수 있기 때문이다.

띠는 1940년대 미국에 안착했는데, 미국 농무부(USDA)에서 토사 유실을 막 고 소여물을 만든다는 명목으로 띠를 심자는 어설픈 결정을 내렸던 것이다. 그러나 띠에는 영양분이 거의 없을뿐더러 날카로운 잎에 소의 입술과 혀를 베이기에 십상이었다. 지금은 미국 남부에 서식하며 서서히 북쪽으로 영토를 넓히는 중이다.

나도겨풀 SOUTHERN CUT GRASS *Leersia hexandra*

습지에 살며 잎이 날카롭다. 미국 남동부에 널리 분포돼 있다.

프레리 코드그라스 PRAIRIE CORDGRASS *Spartina pectinata*

키가 1~2미터에 북아메리카 전역에 자란다. 잎 가장자리가 날카롭고 깔쭉깔 쭉해서 '가축의 배를 가르는 풀ripgut'이라는 별명까지 얻었다.

팜파스풀 PAMPAS GRASS *Cortaderia selloana*

캘리포니아 해변을 잠식하고 있는 골칫덩어리 식물이다. 연소성이 강한 데다 사실상 박멸도 불가능하다. 한 그루 만으로도 수백만 개의 씨를 만들어낸다. 아무것도 모르는 여행객들이 깃털 같은 꽃에 반해 꺾어가는 바람에 씨앗이 먼 곳까지 퍼지고 있다.

큰조아재비 TIMOTHY GRASS　　　　　　　　　　　　　　　*Phleum pratense*

군집으로 자라는 다년생 풀이며 두 개의 대표적 알레르겐이 가장 심각한 화분증을 일으킨다. 북아메리카 전역에 서식한다.

왕포아풀 KENTUCKY BLUEGRASS　　　　　　　　　　　*Poa pratensis*

잔디로 인기가 높으나 최악의 알레르기를 유발한다.

시리아수수새 JOHNSON GRASS　　　　　　　　　　　*Sorghum halepense*

미국 전역에 서식하는 침입성 식물이며 키가 2미터 이상 자란다. 새싹에는 말을 죽일 정도의 시안화물 성분이 풍부한데, 다행인지 불행인지 사망까지의 시간은 짧다. 대부분 심장마비, 호흡부전을 일으키며 사망하기까지 몇 시간 정도 불안, 발작, 혼란을 겪는다.

독보리 DARNEL　　　　　　　　　　　　　　　　*Lolium temulentum*

독보리는 일년생 식물이며 전 세계 곡물 밭에 기생한다. 종종 곰팡이에 오염되기도 해서 실수로 먹게 되면 술에 취한 것과 비슷한 증세를 보인다. 2000년 전, 로마의 시인 오비디우스는 황폐해진 논밭을 이렇게 묘사했다.

　　……독보리, 엉겅퀴, 타락한 곡식이

　　넓디넓은 밭에 잡초처럼 일어나

　　건강한 뿌리를 온 땅, 온 누리에 뻗는구나.

말라 무헤르
Mala Mujer
CNIDOSCOLUS ANGUSTIDENS

공포영화와 같은 일화가 하나 있다. 십대 한 무리가 멕시코 사막에 도보여행을 갔다가 기이한 발진에 걸린 채 돌아왔다. 다음날 한 소녀가 손에 난 붉고 따끔거리는 반점들 때문에 결국 병원에 가지만 항히스타민제 처방만 받고

과:	대극과
서식지:	건조한 사막
원산지:	애리조나와 멕시코
이명:	나쁜 여자bad woman, 피라냐caribe, 대극spurge, 쐐기풀nettle

돌아온다. 그런데 약이 듣지 않고 통증은 점점 심해지기만 한다. 며칠 후, 허리춤에도 마치 손자국처럼 생긴 검붉은 뾰루지가 나타나고 만다.

소녀는 다른 병원을 찾아가 이번에는 스테로이드를 받아온다. 그러자 염증은 가라앉고 갈색 흉터가 남더니 두어 달 후에는 사라졌다. 왜 갑자기 이런 발진이 생긴 걸까? 아마도 원인은 말라 무헤르, 일명 '나쁜 여자'의 소행으로 보인다. 사막에서 자라는 이 다년생 식물은 피하주사 같은 작은 쐐기털이 특징이며 대극과 식물 수액 특유의 독을 가지고 있다. 어쩌면 피해자는 여행 중에 말라 무헤르 덤불 속에서 넘어졌고, 남자친구도 그녀를 부축해주려다가 손에 독 성분이 옮았을지도 모른다.

어떻게 말라 무헤르라는 이름이 붙여졌는지는 알 수 없지만, 나쁜 여자한테 큰 상처를 받은 사람이라면 소노란 사막에서도 제일 무시무시한 통증을 유발하는 이 풀에 쏘였을 때도 비슷한 기분이 들지 않을까. 이 다년생 관목은 50~60센티미터 높이까지 자라며 작고 하얀 꽃을 피운다. 말라 무헤르는 식물 전체에 가시가 있고 잎에 하얀 점들이 뚜렷해 알아보기는 어렵지 않다. 진짜 쐐기풀과는 다르지만 적어도 가느다란 가시(분비모trichome)가 살갗을 뚫고 독소를 주입하는 특징만큼은 쐐기풀과 똑같다. 한 연구자는 말라 무헤르에 쏘인 자극이 너무 강렬하고 심해서 이 분비모를 '핵으로 만든 유리 칼'이라고 표현하기도 했다.

1971년, 한 신문기사에는 말라 무헤르가 멕시코에서 외도 치료제로 쓰인다는 소문이 실리기도 했다. 남편이 잎으로 차를 만들어 아내의 욕정을 억제했다는 것이다. 하지만 여성들한테는 바람난 남편들을 위해 훨씬 강력한 비약이 있었다. 독말풀씨로 차를 만들면 환각을 유발하거나 이따금 치명적인 결과를 초래할 수도 있기 때문이다.

➣ 관련 식물 ➤ 말라 무헤르가 속한 크니도스콜루스Cnidoscolus속을 쐐기풀이라고 부르지만 이는 오해다. 예를 들어 텍사스황소쐐기풀Cnidoscolus texanus 미국 남부 전역에서 볼 수 있으며, 핑거 로트Cnidoscolus stimulosus는 동남부 건조한 관목지에서 서식한다. 둘 다 구역질과 복통을 유발하는데 그 통증은 극심하기 이루 말할 수 없다.

태양이 떠오른다

광독성 식물은
태양의 힘을
무기로 삼기
때문에 그 수액이
닿은 살갗이
햇빛에 노출되면
화상을 입는다. 광독성
식물이나 열매를 먹어도 몸을
화상에 민감해지게 할 수 있다.

큰멧돼지풀 GIANT HOGWEED   *Heracleum mantegazzianum*

이 당근속의 침입성 잡초는 야생 당근과 생김새가 비슷하다. 키가 3미터 정도로 우람하고 튼튼하게 자라며 개울이든, 초원이든 다른 식물들까지 서식지 밖으로 밀어낸다. 세상에서 가장 광독성이 강한 식물이기도 하다. 어느 식물학 교과서에 실린 예에 의하면, 큰멧돼지풀 줄기를 둥글게 잘라 사람 팔에 올려놓자 하루 만에 붉게 부은 자국이 나타나고 사흘이 지나자 물집이 생기기 시작했다고 한다. 그런데 상처가 놀랍게도 자동차 시거잭에 데이기라도 한 것처럼 중화상 수준이었다.

셀러리 CELERY
Apium graveolens

당근속의 구성원 중 하나인 셀러리는 들깨균핵병에 취약하다. 그래서 곰팡이를 죽이기 위해 광독성 화합물을 더 많이 생산하는 방어기제를 작동하게 된다. 셀러리 재배 농부와 채소 상인 역시 일상적으로 살갗을 햇볕에 노출하게 돼서 화상을 입지만, 셀러리를 다량 섭취할 경우 역시 위험하다. 어느 의학 저널에서는 이와 관련해 특별한 사례를 다루었는데, 한 여성이 셀러리 뿌리를 먹고 태닝숍에 갔다가 피부에 중화상을 입고 말았다고 한다.

블리스터 부시 BLISTER BUSH
Peucedanum galbanum

'발진blister'이라는 이름이 잘 어울리는 이 식물도 당근속으로 잎이 셀러리를 닮았다. 주로 남아프리카에 서식하는데 케이프타운 근처의 테이블마운틴에 오르는 등산객들에게 이 식물을 가까이하지 말라고 경고까지 나올 정도다. 살짝 스치는 것만으로도 이상 반응이 있으며, 실수로 이 가지를 꺾기라도 하면 수액이 살갗에 닿아 심한 발진으로 고생할 수 있다. 발진은 식물과 접촉 후 2~3일이 지나 나타나고 햇볕에 노출할 경우 더욱 악화될 수 있다. 증상은 일주일 이상 이어지며 몇 년씩이나 갈색 흉터가 남는다.

라임류 LIMES
Citrus aurantifolia, others

라임과 다른 감귤류 식물은 외피 피지샘에 광독성 물질을 함유하고 있다. 한 의학 저널에 따르면, 일일 캠프에 참가한 아이들의 손과 팔에 갑자기 이상한 발진이 돋아났다고 한다. 나중에 의사들은 이 환자들이 모두 공예 실습에 참여했다는 것을 알아냈다. 라임을 이용해 플라워 볼을 만드는 실습인데, 가위로 라임 껍질을 오리는 동안 손과 팔에 그 오일이 잔뜩 묻은 것이다. 오렌지잼이나 다른 감귤류 껍질과 오일이 들어가는 요리도 부작용을 낳을 수 있다. 베르가모트 오일은 향료로 인기가 높지만 감귤을 기반으로 한 향수나 로션 역시 화상의 위험이 있다.

모키하나 MOKIHANA   *Melicope anisata syn. Pelea anisata*

모키하나는 하와이의 카우아이섬을 공식적으로 대표하는 꽃이다. 관광객들에게 걸어주는 화환도 감귤 모양에 포도알만 한 진초록색 열매로 만든다. 함유한 오일은 광독성이 매우 높아서 몇 해 전, 한 관광객은 20분 정도 목에 모키하나 화관을 걸었다가 몇 시간 후 목과 가슴에 심한 발진이 일어나는 고통을 겪고 말았다. 화한 모양과 똑같은 모양으로 생긴 발진은 나중에 사라졌지만 흉터는 두 달이나 이어졌다.

각종 약초류 HERBAL REMEDIES

식물을 활용한 허브차, 포푸리, 로션 등의 혼합물도 광독성 가능성이 있다. 단, 증세는 며칠 후에 나타나는 경우가 많다. 성 요한 풀Saint-John's-wort, 로즈메리, 마리골드, 루타, 소국, 무화과잎 등도 광독성 피해와 관련된 의학적 사례가 보고된 바 있다.

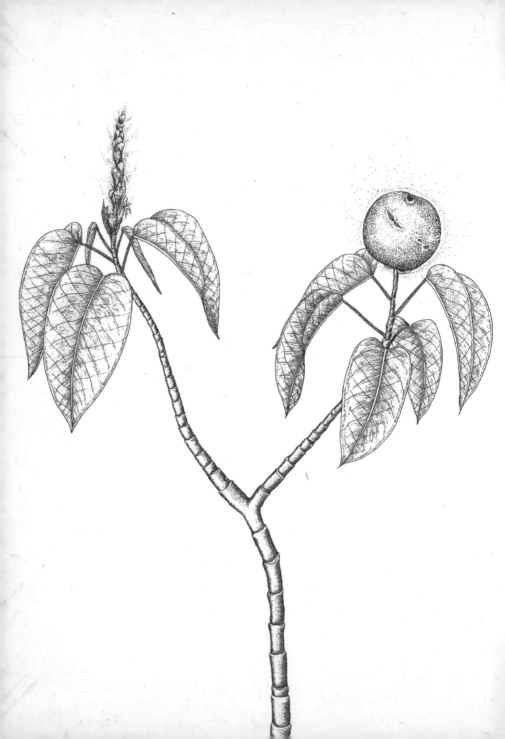

만치닐나무
Manchineel Tree
HIPPIMANE MANCHNELLA

카리브해나 중앙아메리카 해변을 여
행하게 되면 항상 만치닐나무의 위험
에 대한 경고를 받게 된다. 만치닐은
대극과 식물답게 가지를 꺾으면 아주
자극적인 수액을 뿜어낸다. 열매도 독
성이 강해서 섭취할 경우, 입에 물집이

과:	대극과
서식지:	열대지방 섬 해안, 플로리다 에버글레이드 습지
원산지:	카리브해 섬
이명:	비치 애플beach apple, 만사니요manzanillo

생기고 목구멍이 붓는다. 심지어 만치닐나무 아래서 어슬렁거리는 것
만으로도 위험하다. 가지에서 흘러내린 빗방울에 닿아도 발진과 가려
움증으로 고생할 가능성이 있기 때문이다.

그러나 만치닐나무는 여행객들에게 인기가 높다. 토바고섬을 찾아
간 한 방사선과 의사는 의학전문가임에도 불구하고 해변에 굴러다니
는 녹색 과일을 보고 맛보고 싶은 유혹을 참을 수가 없었다. 한 입 베어
물고 보니 자두처럼 달콤하고 상큼했다. 그런데 몇 분 후, 입에서 불이
나기 시작하더니 이내 목구멍이 막혀 숨마저 쉴 수가 없었다. 응급처치
삼아 피나콜라다 칵테일을 마셔 조금 나아지기는 했는데 아마도 음료

속의 우유 덕분일 것이다.

영국의 탐험가 제임스 쿡 선장과 선원들도 항해 중 만치닐을 만나 참담한 결과를 맞이했다. 하필 보급품까지 부족할 때였다. 쿡 선장은 선원들에게 깨끗한 물을 구하고 만치닐나무를 도끼로 베어오게 했다. 그런데 몇몇 선원이 실수로 만치닐을 만진 손으로 눈을 문지르는 바람에 2주 동안이나 장님처럼 지내야 했다. 이들이 나무를 태웠다는 기록은 없으나 아마 그랬다면 연기의 독성이 더 지독했을 것이다.

각종 문학이나 전설 속에서 만치닐나무의 위력은 크게 과장돼 왔다. 1865년 독일 작곡가인 자코모 마이어베어의 오페라 「아프리카의 여인」에서도 만치닐나무가 등장하는데, 한 탐험가와 밀애에 빠진 섬의 여왕이 실연 후에 만치닐나무 아래 몸을 던지는 장면이 나온다. 여왕은 다음과 같이 노래하며 숨을 거둔다.

그대의 감미로운 향이 치명적인 축복이라 들었노라.
그러니 이 순간 나를 하늘나라로 보내어
영원한 잠에 빠지도록 도와주려무나.

✑ 관련 식물 ✑ 대극과에 속하는 각종 나무와 관목은 우윳빛의 유독성 수액을 만들어낸다.

눈이 안 보여요

작고 자극적인 가시가 피부 발진을 일으킨다면 어떤 식물은 앞이 보이지 않는 등의 시각 장애의 위험마저 유발할 수 있다. 여기 대표적인 사례를 몇 가지를 소개한다.

포이즌 수맥 POISON SUMAC
Toxicodendron vernix

미국 동부 사람들은 덩굴옻나무와 오크옻나무의 친척이라고 할 수 있는 포이즌 수맥을 피해 다닌다. 그런데도 한 젊은이가 이 식물로 인해 호된 대가를 치르고 말았다. 1836년, 당시 열네 살 소년이었던 프레더릭 로 올므스테드가 실수로 이 포이즌 수맥 수풀에 들어갔다가 몸에 수액을 묻히고 만 것이다. 그러자 금세 얼굴이 부어오르고 눈을 뜰 수가 없었다.

부분적으로 회복되기까지 몇 주일이 걸렸으나 눈의 증상은 여전했다. 결국 1년이 넘게 학교로 돌아가지 못했고, 그는 자신의 시력 이상이 그 이후로도 오랫동안 이어졌다는 글을 남기기도 했다. 어쩌면 그 시절의 공백기 덕분에 자연환경에 관심을 키우고 훗날 유명한 조경디자이너로서 성장하는 데 거름이 되었을 것이다. 다시 그의 글을 인용해본다. "친구들이 대학입시에 매달릴 때 나는 본성이 이끄는 대로 들판을 어슬렁거리고 나무 아래 누워 백일몽을 꾸었다." 아마 그 백일몽이 20년 후 그가 설계한 공원인 뉴욕의 센트럴파크 조경에 어떤 영감을 주지 않았을까?

재쑥 TANSY MUSTARD *Descurainia pinnata*

이 눈에 잘 띄지 않는 일년생 식물은 30~60센티미터 정도로 자라고, 봄에 작고 노란 꽃을 피운다. 주로 미국 전역의 건조한 들판과 사막에서 자란다. 쓴맛으로 인해 사람들은 잘 먹지 않으나, 소가 이 식물을 뜯어 먹게 되면 그 결과는 매우 끔찍하다. 혀가 마비되고, 울타리 같은 딱딱한 물체를 들이받는 등 이상 행동을 보이다가 마침내 눈도 보이지 않는다. 이런 심각한 증상으로 인하여 소는 아무것도 먹고 마실 수 없어 결국 굶주림과 탈수 증세로 죽는다.

밀키 맹그로브 MILKY MANGROVE *Excoecaria agallocha*

이 호주산 맹그로브는 대극과의 매우 자극적인 식물이어서 그 때문에 얻은 별명이 무려 '장님 나무blind-your-eye'다. 우윳빛 수액에 닿으면 일시적으로 눈이 멀고 피부가 화끈거리고 따끔따끔하기 때문이다. 심지어 이 나무를 태우는 연기 역시 눈을 매우 크게 자극한다.

벨벳콩 COWHAGE *Mucuna pruriens*

1985년, 뉴저지의 어느 부부가 심한 발진으로 구급차를 불렀다. 두 사람의 증언에 따르면, 침대에 놓인 솜털투성이 콩 꼬투리가 원인이라고 했다. 게다가 당시 구급대원들까지 같은 증상을 겪어 모두 응급실에서 치료를 받아야 했다. 해당 병원에 있는 간호사 한 명도 환자에게 손을 댄 후 가려움증을 느끼기 시작했다. 결국 카펫과 이불까지 포함해서 아파트 전체를 철저히 소독하고 나서야 이 소동은 끝이 나고 말았다. 꼬투리의 정체는 결국 벨벳콩으로 판명됐다.

벨벳콩은 콩과의 열대 덩굴식물이다. 10센티미터 크기의 연갈색 꼬투리는 무려 5000여 개의 뾰족한 솜털로 덮여 있다. 심지어 박물관에 수십 년간 보존된

표본들조차 심각한 가려움증을 유발할 정도다. 이 식물의 작은 솜털 하나라도 눈에 들어가면 단기 실명을 할 가능성도 있다.

핑거 체리 FINGER CHERRY   *Rhodomyrtus macrocarpa*

호주 비파라고도 불리는 이 작은 호주산 나무는 작고 붉은 열매가 열리는데, 이 열매를 먹으면 완전히 실명한다는 소문이 오랫동안 전해졌다. 1900년대 초에 이 열매로 인해 아이들이 시력을 잃었다거나 1945년에 뉴기니의 병사 27명이 열매를 맛보고 눈이 멀었다는 신문기사도 보도됐다. 이 나무에서 기생하는 곰팡이Gloesporium periculosum가 원인일 가능성이 가장 크다고 한다. 호주인들은 함부로 이 나무의 열매를 건드리지 않는다.

천사의 나팔 ANGEL'S TRUMPET   *Brugmansia* spp.

이 남미 식물은 독말풀의 친척이며, 정원사에게 동공산대瞳孔散大 증상을 일으킬 수 있다. 동공산대란 동공이 지나치게 확대되는 것인데, 동공이 안구 홍채를 가득 채워 사물을 보기 어렵게 만들기도 한다. 이 끔찍한 증세로 인해 피해자들은 뇌동맥류에 걸렸을까 봐 겁이 나서 응급실로 달려가게 된다.

최근 관련 사례 중, 한 여섯 살 소녀가 뒷마당의 어린이 수영장에 빠진 일이 있었다. 부모는 아이의 동공이 크게 확대된 것을 보고 급하게 병원으로 데려갔다. 의료진이 아이가 혹시 유독한 식물과 접촉했는지 물었을 때 부모는 아니라고 대답했다. 하지만 나중에 검사 결과가 나오고 나서, 소녀는 자신이 수영장에서 나오려고 어떤 식물을 붙잡았다는 사실을 기억해냈다.

천사의 나팔이나 독말풀에 함유된 알칼로이드는 피부를 통해 쉽게 흡수되고, 실수로 눈을 비비면 일시적으로 끔찍한 시각 장애를 초래할 수 있다.

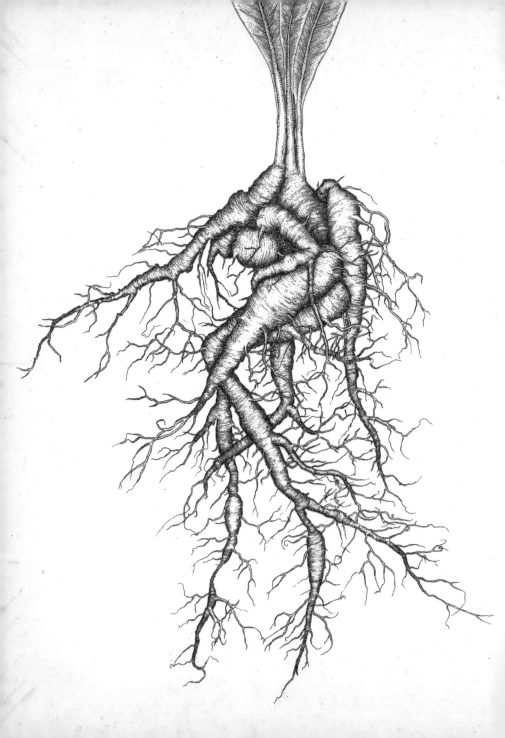

맨드레이크
Mandrake
MANDRAGORA OFFICINARUM

가서 별똥별을 잡아라.

맨드레이크 뿌리를 먹고 아이를 낳아라.

과거가 모두 어디에 있으며

악마의 발을 찢어놓은 자가 누구인지 알려달라⋯⋯.

_존 던

맨드레이크가 가지과 식물 중 최고의
악당이 아닐 수도 있겠지만, 그 명성만
큼은 분명 무시무시하다. 맨드레이크
는 30센티미터나 되는 잎이 달리고 연
초록색의 꽃을 피우는 그저 작고 평범
한 식물에 불과하다. 열매는 작고 설익

과:	가지과
서식지:	햇볕이 잘 드는 탁 트인 들판
원산지:	유럽
이명:	악마의 사과satan's apple, 만드라고라mandragora

은 토마토를 닮았지만 독성은 그리 강하지 않다. 사실 맨드레이크의 진
짜 위력은 지하에 숨어 있다.

길고 뾰족한 뿌리가 1미터 이상 자라는데, 생김새는 돌이 많은 땅에

서 자라는 당근처럼 끝이 갈라졌다. 고대 문명인들의 눈에는 이 갈라진 털북숭이 뿌리가 인간 형상을 한 작은 악마(때로는 남성, 때로는 여성)처럼 보였다. 로마인들은 맨드레이크가 악령의 빙의를 치유할 수 있다고 믿었으며, 그리스인들은 남성의 성기처럼 생겼다는 이유로 사랑의 묘약을 위한 재료로 썼다. 또한 맨드레이크를 땅에서 뽑으면 비명을 지른다는 이야기도 전해지는데, 그 소리가 어찌나 큰지 행여 듣기라도 하는 날에는 그 자리에서 죽는다고 한다.

기원후 1세기의 유대인 사학자 플라비우스 요세푸스는 맨드레이크의 섬뜩한 비명에서 살아남는 방법에 관해 서술했다. 개를 맨드레이크 줄기에 묶어놓고 주인은 안전한 거리만큼 물러난다. 개가 달리면 뿌리가 뽑히는데, 그 비명에 개가 죽을 수는 있어도 주인은 뿌리만 채취해 이용하면 그만이라는 것이다.

맨드레이크를 와인에 넣으면 강력한 진정제 역할을 하기에 적군을 속이는 데 활용되기도 했다. 기원전 200년경 아프리카 북부의 도시 카르타고 전투에서 한니발 장군이 원시적인 화학전을 벌였다. 그는 카르타고에서 진수성찬을 차려두고 후퇴하는 척하면서 적을 도시 안으로 끌어들였다. 이 만찬의 주인공은 당연히 맨드레이크로 만든 와인인 만드라고라였다. 그리고 곧 매복해 있던 한니발의 군대가 돌아와 술에 취해 잠든 아프리카 전사들은 무참하게 학살했다.

윌리엄 셰익스피어는 아마도 이 일화를 가지고 『로미오와 줄리엣』의 독살 사건을 만들어냈을 것이다. 수도사가 줄리엣에게 맨드레이크로 만든 수면제를 주며 다음과 같이 섬뜩한 약속을 한다.

그대의 입술과 뺨의 장미꽃은 시들어

창백한 재가 되고, 죽음이 삶의 날을 접듯이

두 눈의 창문은 떨어져 닫힐 것이오.

맨드레이크는 다른 치명적인 가지과 식물들처럼 알칼로이드로 인한 최면 능력을 갖추고 있다. 맨드레이크가 가진 아트로핀, 히오시아민, 스코폴라민 성분이 모두 신경조직을 무력화해 혼수상태로 이끌 수 있기 때문이다.

최근 이탈리아의 노부부가 응급실에 실려왔는데, 맨드레이크 열매를 먹고 몇 시간 동안 헛소리를 하고 환각에 시달렸다. 심장박동을 회복하고 의식을 되찾게 하려고 의사는 강력한 해독제로 피조스티그민을 사용했는데 공교롭게도 이 성분은 맨드레이크보다 훨씬 독성이 강한 칼라바르콩에서 추출한다.

⋙ 관련 식물 ⋘ 악명 높은 가지과 식물로는 벨라돈나와 함께 고추, 토마토, 감자가 포함된다.

대마
Marijuana
CANNABIS SATIVA

대마는 적어도 5000년 이상 사용되고 통제가 됐으며, 심지어 지난 70년간은 금지되기도 했다. 대마 섬유(환각 성분인 테트라하이드로칸나비놀THC이 거의 없는 대마로 제작하므로 마약 효용성이 없다)는 아시아 전역의 거주 동굴에서 발굴됐고, 로마의 의사 디오스코리데

과:	삼과
서식지:	초원과 들판처럼 따뜻하고 탁 트인 양지
원산지:	아시아
이명:	포트pot, 간자ganja, 메리 제인Mary Jane, 버드bud, 위드weed, 그래스grass

스는 기원후 70년의 의약지침서 『약물지』에서 대마의 약효 성분을 설명한 바 있다. 대마는 인도, 유럽 전역, 그리고 마침내 신세계였던 아메리카 대륙까지 전파됐는데 이곳의 초기 정착민들은 경제적으로 유용한 식물 섬유로 여겨 재배했다. 심지어 독립선언문의 초안도 이 대마로 만든 마지麻紙에 작성됐다. 대마는 일찍이 초기 특허 약품으로 사용됐으며, 1864년경에서 1900년까지 맨해튼에서는 심지어 사탕으로 만들어 팔기까지 했다. '매혹의 아라비아 군제Gunje, 아주 즐겁고 무해한 자극제'라는 광고까지 달고 말이다.

대마는 일년생 초본이며 키는 30~50센티미터다. 여기서 나오는 점착성의 중독성 수지로 하시시, 즉 대마초를 만든다. 식물 전체에 향정신성 물질 THC가 함유돼 있어서 복용자에게 가벼운 황홀경, 나른함을 불러일으킬 뿐만 아니라 시간도 느릿하게 흐르는 것처럼 느끼게 한다. 복용량을 더 늘리면 과대망상증과 불안감을 초래하나 약효는 몇 시간 내에 잦아든다. 대마 자체를 치명적인 식물로 보기는 어려우나 자칫 자동차 사고, 강도 혹은 실내 재배로 인한 전기 화재라는 큰 위험으로 이어질 가능성도 있다.

대마의 분류는 여전히 식물학자 사이에서도 논란거리다. 카나비스 사티바Cannabis sativa, 카나비스 인디카Cannabis indica, 카나비스 루데라리스Cannabis ruderalis을 세 개의 독립된 종으로 보는 이들이 있는가 하면, 또 다른 이들은 카나비스 사비타, 즉 삼이 유일한 종이며 다른 개체는 변종에 불과하다고 주장한다. 변종이든 아니든 모두를 삼 또는 대마로 칭할 수 있다. 대마 섬유는 옷이나 종이 재료로도 쓰지만 미래의 바이오 연료의 원천으로써 연구 중이며, 대마씨는 단백질, 지방산, 비타민들이 풍부하여 식재료로도 활용되고 있다.

일부 역사학자는 20세기 초에 대마를 추방하려는 시도는 문화전쟁 때문이었다고 주장한다. 기호용 마리화나는 재즈음악가, 예술가, 작가, 부랑자들 사이에서 인기가 많았다. 사용에 통제가 따라도 금지까지는 아니었는데, 1937년 마리화나 세법 이후로는 상황이 달라졌다. 거기에 1950년대 비트 운동beat movement까지 겹치면서 이 사악한 풀은 미국 젊은이들의 손에서 완전히 퇴출당하고 말았다. 대마는 1951년 보그스법에 따라 불법으로 금지됐다.

오늘날 대마는 전 세계 대부분 국가에서 엄격히 통제되거나 금지된다. 그러나 미국 보건복지부(HHS)의 조사에 따르면 12세 이상 9700만 명, 다시 말해 미국인의 약 3분의 1이 평생 한 번 이상 대마를 경험했다고 한다. 지난해만 해도 3500만, 즉 인구의 10퍼센트 이상이 대마를 복용했다. 유엔 역시 전 세계 인구의 4퍼센트인 약 1억 6000만 명이 매년 대마초를 소비하고 있다고 추정한다.

전 세계 불법 대마 생산지는 2000제곱킬로미터 이상이며, 4만 2000톤을 수확해 약 4000억 달러를 벌어들인다. 미국 생산량만 해도 무려 350억 달러에 달하는데, 옥수수는 226억이며 다른 사악한 식물인 담배도 기껏 10억 달러에 불과하다. 대마의 현금작물로서의 엄청난 가치에도 불구하고 여전히 잡초 신세다. 미국 마약단속국의 자료에 따르면, 2005년에 사법 당국은 경작 대마 420만 그루와 야생 대마 2억 1800만 그루를 제거했다고 한다. 여기서 야생 대마란 수확되지 않은 채 야생으로 자라는 대마를 말하며, 대부분 합법적으로 경작되던 시절부터 살아남은 대마 변종들이다. 결국 미국의 경우, 근절 대상의 98퍼센트가 대마라는 셈이다.

➣ 관련 식물 ➢ 맥주의 향료로 사용되는 홉Humulus lupulus도 대마와 마찬가지로 삼과에 속한다. 향정신성 성분은 없으나 싹에는 가벼운 진정 효과가 있다. 북아메리카 관상수인 미국팽나무Celtis spp.도 대마와 관련이 있다.

협죽도

Oleander

NERIUM OLEANDER

기원후 77년, 로마의 저술가 대 플리니우스는 협죽도를 다음과 같이 설명했다. "장미와 흡사하고 줄기에서 가지가 많이 뻗는 상록식물이다. 마소나 염소, 양에게는 독 성분으로 인해 위험하나 인간은 뱀에 물렸을 때 해독제로 쓸 수 있다."

과:	협죽도과
서식지:	열대 및 아열대 기온의 건조한 양지나 마른 강바닥
원산지:	지중해 지역
이명:	로즈 로렐rose laurel, 비스틸 나무be-still tree

　대 플리니우스가 당대의 유력한 식물학자였을지 몰라도 협죽도에 대해서만은 오해하고 있었다. 독사에 물린 사람에게 협죽도가 제공할 수 있는 도움이라곤 그저 빠르고 자애로운 죽음뿐이다. 이 맹독성 관목은 빨간색, 분홍색, 노란색, 하얀색 꽃이 예뻐서 온대 지역에서 인기가 높다. 게다가 이 식물이 널리 퍼진 탓에 수년간 살인과 사고사에 수없이 연루됐다. 심지어 사람들이 캠핑을 왔다가 협죽도 가지로 꼬치를 만들어 고기를 구워 먹고 사망했다는 일화도 있다. 물론 사실 확인이 되지 않은 이야기지만 협죽도 수액과 껍질의 독성은 얼마든지 음식을 독극

물로 만들 수 있다.

협죽도는 올레안드린이라는 강심배당체強心配糖體를 함유하고 있어 구역질, 구토, 심각한 무기력증, 부정맥, 심박수 저하를 초래하며 이는 순식간에 죽음으로까지 이어질 수 있다. 또한 동물에게도 유독하다. 잎이 쓴맛이기는 하나 고양이나 개가 종종 씹어 먹기 때문이다. 협죽도 나무를 태운 연기 역시 매우 자극적이며, 심지어 협죽도 꿀도 유독할 가능성이 있다. 다만 협죽도로 만든 비료를 연구해본 결과, 300일 가까이 올레안드린 잔류량이 상당 수준을 유지하지만 그 비료로 키운 농작물은 독성을 흡수하지 않았다.

특히 어린이들의 경우 잎을 조금만 먹어도 죽음에 이를 수 있어서 매우 위험하다. 2000년, 남부 캐롤라이나에서는 유아 두 명이 아기침대에서 숨진 채 발견됐는데 바로 협죽도 잎을 씹은 탓이었다. 불과 몇 개월 후, 남부 캘리포니아의 한 여성이 보험금을 노리고 남편의 음식에 협죽도 잎을 넣기도 했다. 남편은 심각한 위장 장애로 병원에 실려 갔으나 간신히 목숨은 건졌다. 그러나 여성은 회복 중인 남편에게 부동액을 넣은 게토레이 음료를 줘서 살인에 성공했고, 현재 식물로 살인 시도를 한 유일한 인물로서 캘리포니아에 있는 15명의 여성 사형수 중 한 명으로 수감 중이다.

협죽도와 관련된 자살은 의학 보고서에 주기적으로 등장한다. 주로 요양병원 환자들이 이러한 시도를 하는데, 협죽도가 조경식물로도 인기가 많고 노인 환자들이 이 식물이 독초라는 사실을 잘 알고 있기 때문일 것이다. 특히 스리랑카의 젊은 여성들은 흔히 자살 수단으로 노랑페루협죽도Thevetia peruvian를 이용했다. 최근 해당 사례의 연구에 의하면,

이 노랑페루협죽도 씨앗으로 자살을 시도한 환자가 무려 1900명이 넘었다고 한다. 그중 5퍼센트 정도가 사망했으며 당연한 이야기겠지만 노인들의 자살 성공률이 더 높다. 왜냐하면 몸이 약하기도 하지만 죽으려는 결심이 확고하기에 젊은이들보다 씨앗을 더 많이 먹는 경향이 있기 때문이다.

그러나 협죽도는 약용식물로도 인기가 높아서 암이나 심장질환으로 고생하는 사람들이 인터넷 검색으로 찾아낸 제조법으로 협죽도 수프나 차를 만들어 복용하는데, 물론 이런 시도는 매우 위험하다. 실제로 미국에서는 안버젤Anvirzel이라는 약용 추출물을 판매하려는 시도가 있었으나 미국 식품의약국의 승인을 얻지는 못했다.

◒ 관련 식물 ◒ 협죽도과의 꽃나무로는 향기 좋은 플루메리아, 맹독성의 케르베라, 페리윙클, 노랑페루협죽도 등이 있다.

금단의 정원

위험한 식물이 꼭 아마존 우림이나 열대
정글에만 숨어 있는 건 아니다. 이런
식물들은 동네 원예점에서도 얼마든지
구할 수 있지만 특별히 독초라고 따로
표시해두지도 않는다. 그러니
의심스러운 식물이 있다면 바로
물어보거나 아이들에게는 저녁
식탁에서 본 적이 없는 채소는
절대 먹지 못하게 하는 것이
중요하다. 아름다운 독초들을
찾으려면 멀리 나갈 것도
없이 여러분의 뒷마당만으로도
충분하다.

진달래 AZALEA AND RHODODENDRON   *Rhododendron* spp.

인기 있는 관목이며, 무려 800여 종이 있고 그 변종도 수천 개가 넘는다. 그라
야노톡신이라는 독성이 잎, 꽃, 꿀, 꽃가루에 함유돼 있다. 식물의 어느 부위
를 먹어도 심장질환, 구토, 현기증, 심각한 무기력증에 시달릴 수 있다. 또한
진달래속 식물로 만든 꿀도 독성이 포함될 가능성이 있다. 기원후 77년, 로마
의 저술가 대 플리니우스는 자연이 왜 독 꿀을 만들도록 허락했는지 그 의문
에 관해 다음과 같이 저술한 바 있다. "자연의 의도는 아주 분명하다. 인간이

조금 더 조심하고 탐욕을 줄이는 것 말고 또 어떤 이유가 있으랴?"

아까시나무 BLACK LOCUST   *Robina psuedoacacia*

이 북미 원산의 나무는 등나무 같은 꽃송이들이 분홍색, 연보라색, 흰색으로 피어난다. 다만 가지는 날카로운 가시로 덮여 있으며 꽃을 제외하면 식물 전체에 독성이 있다. 로빈이라는 이름의 이 독성은 리신과 아브린(각각 피마자 열매와 묵주 완두에서 생성된다)과 흡사하나 조금 약하다. 맥박부진, 위장 장애, 두통, 수족냉증을 유발하며 나무껍질은 가을에 특히 독성이 강하다.

콜키쿰 COLCHICUM   *Colchicum spp.*

이 꽃나무는 종종 가을 크로커스나 초원 사프란이라는 이름으로 불리고 있지만, 실제로는 크로커스도 아니고 향신료인 사프란을 추출할 수 있는 식물도 아니다. 가을이면 구근에서 분홍색이나 흰색의 예쁜 꽃이 피어나지만 식물 전체에 독성을 함유하고 있다. 바로 이 독성 알칼로이드가 콜키신이며 화끈 거림, 발열, 구토, 신장 장애 등을 일으킨다. 콜키쿰은 예부터 자연요법의 주요 약재로, 통풍치료제로 사용됐다. 하지만 2007년에 오리건주에서 사망자가 속출하면서 미국 식품의약국에서 사용을 금지했다.

다프네 DAPHNE   *Daphne spp.*

꽃이 거의 피지 않는 겨울과 이른 봄에 작고 향이 강한 꽃송이를 피우기로 유명한 관목이다. 가지 한두 개만 방에 둬도 금방 실내에 향이 가득해진다. 수액은 피부에 자극을 줄 수 있으며 식물 전체에 독성이 있다. 밝은 색깔을 띤 열매 몇 개로도 어린아이를 사망으로 몰아갈 수 있으며 목숨을 건진다 해도 목의 자극, 내출혈, 무기력증, 구토에 시달릴 수 있다.

디기탈리스 FOXGLOVE   *Digitalis spp.*

키가 작은 이년생 또는 다년생 관목이며 흰색, 연자주색, 분홍색, 노란색 꽃이
아름다운 나선형의 트럼펫 모양으로 핀다. 식물 전체가 피부를 자극하며 섭
취하게 되면 심각한 위장 장애, 환각, 진전震顫, 경련, 두통, 치명적인 심장질환
으로 이어질 수 있다. 이 식물은 강심배당체인 디곡신을 만들어내고, 이는 심
장질환 치료제 제조에 쓰인다.

헬레보어(사순절 장미)
HELLEBORE, LENTEN ROSE OR CHRISTMAS ROS   *Helleborus spp.*

이 키 작은 다년생 식물은 암녹색 잎을 가지고 있으며 다섯 장의 꽃잎을 가진
아름다운 꽃을 피운다. 꽃은 연두색, 흰색, 분홍색, 빨간색, 적갈색이며 겨울
과 이른 봄에 만개한다. 식물 전체에 독성이 있다. 수액은 피부를 자극하고 섭
취하면 구강 작열, 구토, 현기증, 신경계 기능 저하, 경련 등을 유발한다. 알렉
산더 대왕이 약으로 먹었다는 설도 있어서 한때는 의약으로 높은 인기를 누
리기도 했다. 몇몇 사학자들의 주장에 따르면, 제1차 신성전쟁(기원전 595~
기원전 585)의 승리는 그리스 군사동맹이 키르하시 수로를 헬레보어로 오염
시켰기 때문이라고 한다. 그래서 이 전쟁은 역사상 최초의 화학 전쟁으로 기
록되기도 한다.

수국 HYDRANGEA   *Hydrangea spp.*

파란색, 분홍색, 초록색, 흰색의 커다란 꽃송이를 피워서 인기가 많은 정원수
다. 수국에는 미량의 시안화물 성분이 함유돼 있다. 중독 사고는 거의 없으나
수국 꽃을 종종 케이크 장식으로 사용하는 바람에 식용으로 오해받는 일이
많다. 구토, 두통, 근력저하의 증상을 일으킬 수 있다.

란타나 LANTANA *Lantana* spp.

키가 작은 상록관목으로 유명하며 여름 내내 빨간색, 오렌지색, 보라색 꽃을
피워 나비들을 유혹한다. 란타나는 푸르게 무성할 때 특히 열매의 독성이 강
하여 시각 장애, 무기력증, 구토, 심장질환, 더 나아가서는 사망까지 초래할
수 있다.

로벨리아 LOBELIA *Lobelia* spp.

로벨리아속에는 주로 아름다운 원예식물들이 포함돼 있다. 대표적인 예로,
작고 아름다운 꽃이 빽빽하게 피어 화분 밖으로 쏟아질 듯한 로벨리아 에리
누스Lobelia erinus, 빨간 꽃이 아름다운 늪지식물인 로벨리아 카르디날리스
Lobelia cardinalis, 그리고 '악마의 담배'라는 별명의 열대식물인 로벨리아 투파
Lobelia tupa가 있다. 인디언 담배라고도 하는 로벨리아 인플라타Lobelia inflate
는 미국자리공pokeweed과 구토풀vomitwort이라고 불리기도 한다. 로벨리아속
식물에 함유된 독성은 니코틴과 비슷한데 로벨라민 또는 로벨린이라고 부르
며 섭취 시 심장질환, 구토, 진전, 마비를 유발할 수 있다.

개나리자스민(캐롤라이나자스민)
YELLOW JESSAMINE *Gelsemium sempervirens*

미국 남서부 원산의 상록담쟁이 식물이다. 트럼펫 모양의 밝은 노란색 꽃은
아름답고 향기가 좋아 사우스캐롤라이나주를 대표하는 꽃으로 지정되기도
했다. 전체적으로 독성이 있으며, 어린아이들이 인동덩굴과 혼동해 꿀을 빨
아 먹는 바람에 사망하기도 했다. 다른 꽃이 없으면 꿀벌이 종종 찾기도 하지
만, 너무 자주 접근하면 꽃가루와 꿀의 독으로 인해 죽을 수도 있다.

양귀비
Opium Poppy
PAPAVER SOMNIFERUM

양귀비는 스케줄 II로 규정된 마약이지만(남용 가능성이 크나 처방은 가능하다), 원예 카탈로그를 보고 구입하거나 유치원 근처에서도 볼 수 있으며 꽃꽂이로 장식하고 화단에서 보기 좋게 키울 수도 있다. 그러나 양귀비 또는 마약 양귀비의 소지는 법으로 엄격히 금지하고 있으며, 지방 사법 기관은 분홍색이나 보라색 양귀비꽃이 집 화단이 아니라 사람들 손에 있을 때 더 큰 문제가 발생한다고 보고 있다. 양귀비 소지는 오직 씨만 합법이며, 씨는 식재료로도 인기가 높다.

과:	양귀비과
서식지:	온대 기후의 햇볕이 잘 드는 비옥한 토양
원산지:	유럽 및 서아시아
이명:	브레드시드 포피breadseed poppy, 작약양귀비peony poppy, 터키양귀비Turkish poppy, '암탉과 병아리' 양귀비'hens and chicks' poppy

    노련한 정원사들은 양귀비와 마약 성분이 없는 관련 식물들의 차이를 쉽게 구분한다. 부드러운 청록색 잎과 분홍색, 보라색, 흰색, 빨간색의 커다란 꽃잎, 청록색의 도톰한 꼬투리를 보면 알 수 있기 때문이다. 새로 수확한 양귀비 꼬투리를 칼로 베면 유액이 나오는데, 바로 이 수액

으로 아편을 만들며 모르핀, 코데인 등 진통제로 사용된다.

양귀비는 기원전 3400년경부터 중동에서 재배됐다. 호메로스의 『오디세이』에서도 '네펜테'라는 이름의 영약 이야기가 나오는데, 이 약으로 트로이의 헬레네가 슬픔을 잊을 수 있었다. 실제로 여러 학자가 네펜테가 아편 기반의 음료라고 믿고 있다. 기원전 460년에 히포크라테스역시 아편을 최고의 진통제로 여겼다. 기호용 약물로 사용했다는 기록도 중세까지 거슬러 올라간다.

17세기에는 몇 가지 다른 재료까지 섞어 아편틴크라는 약을 만들었으며, 19세기 초기에는 양귀비에서 모르핀을 추출했다. 1898년, 제약회사인 바이엘이 양귀비로 더욱 강력한 약을 만들면서 양귀비 추출액은 최고의 인기를 구가했는데, 그 신약의 이름이 바로 헤로인이다. 바이엘은 10년 동안이긴 했지만 헤로인을 유아와 성인용 기침약으로 팔았다. 그러나 여전히 마약 복용자들은 놀이 삼아 헤로인을 사용하고 그 때문에 경찰에 잡혀간다.

헤로인 수요가 폭발적으로 증가하자 미국 정부가 단속에 나서기 시작하여 1923년경에는 완전히 그 사용이 금지됐다. 하지만 헤로인 복용은 계속 증가하고 있으며, 오늘날 미국인 3500만 명이 평생 한 번 이상 헤로인을 복용한 적이 있다고 한다. 세계보건기구(WHO)는 전 세계에서 약 9200만 명이 헤로인을 사용하고 있다고 추정하고 있다. 아프가니스탄은 세계 아편의 90퍼센트 이상을 생산하지만, 미국 사용자들은 주로 콜롬비아와 멕시코에서 아편을 구입하고 있다.

아편은 황홀경을 만들어내는 동시에 호흡기 장애를 유발해 혼수상태나 사망을 일으킬 수 있다. 두뇌의 엔도르핀 수용체를 건드려 두뇌 본

연의 진통 효과를 발휘하지 못하게끔 하는 것이다. 이것이 바로 헤로인 금단 증상이 고통스러울 수밖에 없는 이유이기도 하다. 실제로 중독자가 유치장에 갇혀 헤로인 공급이 끊기면 극심한 근육통을 잊기 위해 철창에 몸을 부딪히는 짓까지 벌인다. 모르핀 함유량이 식물 개체마다 다르기에 씨와 이삭으로 만든 차 역시 위험한데, 2003년에는 캘리포니아에 사는 열일곱 살 소년은 '천연' 양귀비 차를 과용하는 바람에 생명을 잃고 말았다.

매년 헤로인 중독자들의 수요를 충족시키려면 해마다 적어도 양귀비 1만 포기는 수확해야 하나 법은 양귀비 재배를 가차 없이 처벌하고 있다. 1990년대 중반, 미국 마약단속국은 상품 카탈로그를 통한 양귀비씨 판매를 자진해서 중지할 것을 각 종자 회사에 요청했다. 헤로인 가내제조를 조장하게 될 것을 우려했기 때문이다. 그러나 종자 회사들은 대체로 요청을 거부했으며 양귀비는 여전히 화초로 큰 인기를 누리게 됐다. 빵에 첨가하는 양귀비 씨앗이 소량이라면 해가 없지만, 이 씨가 들어간 머핀 두어 개를 먹으면 마약검사에서 양성 반응 결과가 나올 수 있다.

➣ 관련 식물 ≼ 양귀비 종류에는 털양귀비Papaver orientale, 꽃양귀비Papaver rhoeas, 아이슬란드양귀비Papaver nudicaule 등이 있다. 캘리포니아양귀비 즉, 금영화와는 아무 관계가 없다.

죽음의 꽃다발

1881년 7월 2일, 찰스 J. 기토가 제임스 가필드 대통령을 쏘았으나,
겨냥이 빗나가는 바람에 암살에는 실패하고 말았다. 의료진이 척추
근처에 박혀 있던 총알을 꺼내기 위해 소독도 하지 않은 수술 도구로
가필드 대통령의 내장기관을 헤집은 이후, 대통령은 11주 만에 숨을
거뒀다. 기토는 "대통령을 죽인 건 의사들입니다. 난 총을 쐈을
뿐이오"라며 의사들의 의료과오를 자신의 변호에 이용했지만 결국
교수형 판결을 받았다.

사형 집행일에 기토의 누이가 꽃다발을 가져왔다. 교도관들이 꽃다발을
빼앗아 살펴보니 꽃잎 사이에 여러 명을 죽일
정도의 비소가 숨겨져 있었다. 그녀는
꽃다발에 독극물을 주입하지 않았다고
주장했으나, 기토가 올가미를
무서워해 다른 방법으로
죽고 싶어 했다는 사실을
모르는 이는 없었다.
과연 비소가
필요했을까? 조금
머리를 썼다면
기토의 누이는
꽃다발 조합만으로도
충분히 목적을 달성할 수
있었을 것이다.

델피니움
LARKSPUR AND DELPHINIUM
Consolida ajacis, Delphinium spp.

기다란 나선형의 분홍색, 파란색, 연보라색, 흰색 꽃과 레이스 같은 잎사귀 때문에 꽃 애호가들의 사랑을 받고 있다. 사촌 격 식물인 투구꽃과 비슷한 독을 함유하고 있다. 독성은 식물의 종과 나이에 따라 다르지만 과하게 섭취하면 치명적인 결과를 낳을 수 있다.

은방울꽃 LILY-OF-THE-VALLEY
Convallaria majalis

달콤한 향기를 담은 봄꽃이지만, 식물 내부에 함유된 몇 종류의 강심배당체가 두통, 구역질, 심장질환을 일으킨다. 섭취량이 많으면 심장마비도 일어날 수 있다. 꽃이 진 후에 열리는 붉은 열매도 독성이 있다.

금낭화 BLEEDING HEART
Dicentra spp.

꽃이 핏방울을 매단 심장을 닮아서 '피 흘리는 심장'이라는 이름이 붙었다. 식물에 함유된 알칼로이드는 구역질, 발작, 호흡 장애를 일으킨다.

스위트피 SWEET PEA
Lathyrus odoratus

생김새는 일반적인 완두콩 넝쿨과 비슷하나 꽃은 더 크고 더 화려하며 향기가 무척 진하다. 식물 전체에 가벼운 독성이 있으며, 새싹과 꼬투리에는 라시로젠이라는 독성 아미노산이 들어 있다. 스위트피는 연리초속에 있는 콩과 덩굴식물 중 하나이며, 콩과 식물이 일으키는 라티리즘으로 인해 마비, 무기력증, 떨림 증상을 겪을 수 있다.

튤립 TULIP
Tulipa spp.

매우 자극적인 수액을 생산하고 구근을 만지면 피부에 염증이 생길 수 있어
특히 원예 종사자들에게 위험하다. 그래서 네덜란드의 구근 산업 노동자들은
구근에서 떨어진 흙마저도 호흡 장애를 일으킬 수 있다는 사실을 잘 안다. 주
로 온종일 튤립을 다루는 플로리스트들이 이런 튤립 핑거tulip finger라는 직업
병을 겪으며, 이 경우 통증을 동반한 붓기, 붉은 발진, 피부 균열 등으로 고생
하게 된다.
네덜란드에서는 기근이 닥쳤을 때 튤립 구근을 양파로 오인해 먹는 바람에
구토, 호흡 곤란, 심각한 무기력증에 시달린 적도 있었다.

히아신스 HYACINTH
Hyacinthus orientalis

역시 화훼산업 분야에서 특히 유명한 꽃이지만, 맨손으로 구근을 만지게 되
면 '히아신스 가려움증'에 걸릴 수 있다. 수액은 피부 발진을 일으킨다.

페루백합(알스트로메리아)
ALSTROEMERIA OR PERUVIAN LILY
Alstroemeria spp.

튤립이나 히아신스와 같은 종류의 피부염을 유발한다. 이러한 꽃들 사이에서
는 교차 민감도가 높아서 더 큰 통증을 일으키는 복합적인 피부질환으로 악
화될 수 있다.

국화 CHRYSANTHEMUM
Chrysanthemum spp.

국화는 차와 약용으로 쓰이나 식물 자체는 심한 알레르기 반응을 일으킬 수

있다. 피부에 발진이나 눈이 붓는 등의 증세까지 나타나기도 한다. 일부 국화 종은 천연 살충제인 제충국분除蟲菊粉을 만드는 데 쓰이기도 한다.

투구꽃 ACONITE

Aconitum napellus

투구꽃은 인기 있는 정원용 꽃이며, 파란색이나 흰색 꽃을 나선형으로 피우는데 그 생김새가 델피니움과 매우 비슷하다. 꽃다발로 만들면 아름답지만, 그 독성은 가히 치명적이라 신경을 마비시키고 생명을 앗아갈 수 있다. 플로리스트들도 맨손으로 투구꽃 줄기를 다루지 않는다. 피부와 접촉하는 것만으로도 마비 증세가 나타나고 심장질환을 앓을 수 있기 때문이다.

공작화
Peacock Flower

CAESALPINIA PULCHERRIMA
(SYN. POINCIANA PULCHERRIMA)

공작화는 노예 역사에서 비극적인 역
할을 도맡았다. 이 아름다운 열대 관목
은 레이스처럼 생긴 잎에 꽃은 밝은 오
렌지색이어서 벌새들도 자주 찾지만,
서인도제도의 여인들이라면 꼬투리의
독이 얼마나 무서운지 잘 안다.

18세기 의학 보고서에는 여성 노예
들이 자녀를 노예주의 재산으로 만들

과:	콩과
서식지:	열대와 아열대 지역의 산비탈, 저지대 우림
원산지:	서인도제도
이명:	붉은 극락조red bird of paradise, 바베이도스의 긍지Barbados pride, 아유위리ayoowiri, 플로스 파보니스flos pavonis, 트제티 만다루tsjétti mandáru

지 않으려고 어떻게 피임을 시도했는지 자세히 서술돼 있다. 이런 식의
반항은 그 형식도 다양했다. 농장 의사에게서 약을 구해 유산을 시도하
기도 하고, 공작화 같은 식물을 사용하는 예도 있었다. 당시에는 공작화
가 월경을 일으켜 임신을 예방한다는 믿음이 있었기 때문에, 유럽 의사
들은 이 꽃을 사용한 유산을 '꽃을 꺾는다'라고 표현하기도 했다.

1705년에 식물탐험가인 마리아 지빌라 메리안은 서인도의 노예들
이 주인을 향한 저항의 수단으로 공작화를 어떻게 활용했는지 다음과

같이 처음으로 기록했다. "노예들이 덴마크 노예주들한테 추행을 당하면 아이들까지 같은 꼴로 만들지 않으려고 유산에 공작화씨를 이용했다. 기니와 앙골라의 흑인 노예들도 성적 학대에 대항해 아이를 낳지 않겠다고 버텼다. 실제로 노예들은 학대를 받으면 자결을 택하기도 했는데 다시 태어나 모국에서 자유롭게 살 수 있다고 믿었기 때문이다. 이는 노예들에게 직접 들은 이야기다."

공작화는 유럽 식물수집가 사이에서 관상용 관목으로 인기가 높다. 미국 남부 전역에서 피지만 특히 플로리다, 애리조나, 캘리포니아에서 잘 자란다. 겨울이 따뜻한 지역이라면 5~6미터까지 자랄 수 있다. 나무 껍질이 뾰족한 가시로 덮여 다루기가 힘들다. 빨간색, 노란색, 오렌지색의 꽃이 여름 내내 피다가 가을에 꽃이 지면 독성을 지닌 씨앗이 들어 있는 납작한 갈색 꼬투리가 열린다.

공작화는 관상용 나무로는 잘 알려져 있으나 서인도제도 여인들이 비밀을 잘 지킨 덕분인지, 위기에 처해 절박해진 노예 여성들이 공작화를 어떻게 사용했는지는 식물학 문헌에 거의 언급되지 않고 있다.

꒰ 관련 식물 ꒱   실거리나무속Caesalpinia에는 열대 관목 70여 종이 속해 있
는데, 특히 극락실거리나무Caesalpinia gilliesii가 미국 남서부에서 관상수로 인
기가 높다. 씨앗 속 탄닌 성분으로 인해 독성이 있지만, 섭취로 인한 심각한 위
장 장애도 대부분 24시간 후에 회복된다.

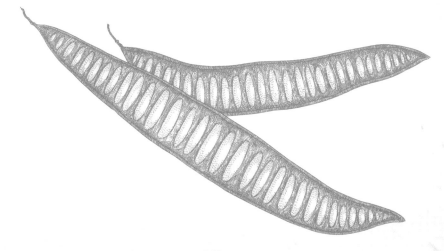

페요테선인장

Peyote Cactus

LOPHOPHORA WILLIAMSII

스페인 선교사들은 신세계인 북아메리카 대륙에 상륙했을 때, 원주민들이 페요테선인장(메스칼린)을 종교의식에 사용하는 광경을 보고 사술邪術로 치부했다. 정복자들과 식민지 관료들까지 나서서 금지하자 페요테의 사용은 지하로 숨어들어 은밀해졌다. 백인 정착민들은 원주민들한테 해롭다는

과:	선인장과
서식지:	사막에서 자라지만 발아 시에는 어느 정도 습기가 필요함
원산지:	페루, 에콰도르, 브라질
이명:	페요테peyote, 단추buttons, 메스칼린mescaline, 샬럿challote, 악마의 뿌리devil's root, 밀주white mule

식의 핑계로 페요테 사용을 반대했는데 이러한 믿음은 20세기까지 이어졌다. 1923년, 『뉴욕 타임스』는 페요테 중독자들이 이미 구제 불능이라는 페요테 반대 운동가의 주장을 다음과 같이 인용했다. "알코올 중독자의 경우 치료만 잘 받으면 심신의 건강을 회복할 수 있다. 하지만 악마 같은 메스칼린은 사람을 완전히 못쓰게 만든다."

이 느릿하게 자라는 작은 선인장은 단추 모양을 하고 있으며 지름이 3~5센티미터에 불과하다. 그뿐만 아니라 선인장 특유의 가시도 없다.

그냥 내버려두면 선인장 위에 흰 꽃이 피고 나중에 씨앗이 맺힌다. 하지만 페요테 군락은 사막에서도 보기 어렵다. 남획으로 인해 미국 남서부에서도 희귀식물이 됐기 때문이다.

말린 페요테는 맛이 쓰지만 식용으로도 쓰고 차로 마시기도 한다. 초기 중독 증상으로는 심각한 불안, 어지럼증, 두통, 오한, 구역질, 구토 등이 나타나다가 그다음에 주변 색이 밝게 보이거나 청각이 예민해지고 머리가 개운해지는 환각 증세가 이어진다. 그러나 페요테의 환각 증상은 아주 다양해, '화학적으로 유발된 정신질환 유형'으로 논해지기도 했다.

원주민 종교의식에서의 페요테선인장 사용은 오래전부터 미국 무신론자들과 마찰을 불러일으켰다. 미국의 화학자인 하비 W. 와일리 박사는 20세기 초에 음식과 약품 안전을 꾸준히 주장한 인물로, 상원 인디언 위원회에 나가 페요테의 종교적 이용을 허용한다면 곧 술 교회, 코카인 교회, 담배 교회도 생길 거라며 강하게 반박했다. 1990년에 대법원은 '고용부 대 스미스Employment Division v. Smith' 판례에서 미국 헌법 수정 제1조에 따라 종교 활동을 위한 원주민들의 마약 사용을 통제하지 않는다는 판결을 내렸다. 이에 따라 의회는 미국 인디언 종교 자유법을 개정하여 원주민들의 종교의식에 한해 페요테 사용을 허용했다. 그 이외의 사용에서 메스칼린은 스케줄 I의 규정으로 통제되는 약물이며 소지는 중죄다.

➤ 관련 식물 ⬅ 페요테는 선인장과에 속하며 그 종류가 2000~3000여 종에 이른다. 그중 취관옥Lophophora diffusa은 향정신성 성분과 더불어 소량의 메스칼린을 함유한 것으로 알려져 있다.

환각성 식물들

미국 마약단속국은 환각을
유발하는 식물에 대한 대중의
입맛을 파악하는 데 애를 먹고
있다. 불법 여부도 불확실한 일부
식물은 '천연 마약'으로서 약물
중독자들 사이에서 인기가 높다.
하지만 안타깝게도 많은 이들이
식물 구분에 정통하지 못하기에
실제로 자신이 뭘 복용하는지조차
모를 때가 많다. 게다가 실제
약효 수준은 식물마다 크게
차이가 있고 또 기후 변화에
따라 오르내리기도 한다. 이런
반체제적인 상황에서 위세를
떨치는 환각성 식물 몇 종을
소개한다.

예언자의 샐비어 DIVINER'S SAGE   *Salvia divinorum*

멕시코 원산의, 내한성이 약한 다년생 샐비어이며 여타의 관상용 샐비어와
생김새가 매우 비슷하게 생겼다. 쉽게 접할 수 있는 환각제로 인터넷에서 명
성을 얻었다. 잎을 피우거나 씹으면 환각 효과가 나타나지만 경험자들은 대

체로 그 효과가 짧고 굳이 시도해 볼 가치가 없을 정도로 끔찍하다고 말한다. 미국 마약단속국의 규제 물질 목록에 들어 있지는 않지만 당국은 충분히 우려할 만한 약물로 인지하고 있다. 하지만 일부 주에서도 이를 불법으로 규정하고 있으며 군 기관에서는 대부분 금지 품목이다. 일부 유럽 국가들 역시 금지하고 있다. 안타깝게도 언론에서는 이 환각성이 있는 특별한 종과 관상용이고 아무런 환각 효과도 없는 일반 샐비어종의 차이를 구분해 다루지 못할 때가 많다.

산페드로선인장
SAN PEDRO CACTUS *Trichocereus pachanoi, syn. Echinopsis pachanoi*

기둥 모양의 선인장으로 가시가 조금 돋아나 있다. 주로 안데스산맥 전역에 자라며 그 지역의 부족 의식에 쓰이고 있다. 산페드로선인장은 페요테와 마찬가지로 메스칼린을 주성분으로 함유하고 있으나, 미국 마약단속국의 규제 물질 목록에는 빠져 있어서 재배하는 사람들이 많다. 다만 메스칼린을 생산하고 배포할 목적이라면 법적 제재를 받을 수 있다. 산페드로선인장만큼 유명하지는 않지만 관련된 선인장으로 화월연Echinopsis lageniformis이 있는데, 곧게 솟은 모양새 때문에 음경 선인장penis cactus이라고도 불린다.

크라톰 KRATOM *Mitragyna speciosa Korth*

동남아시아산 나무이며 코카나 카트처럼 잎을 씹어 흥분제로 사용한다. 양을 늘리면 가벼운 황홀경에 이르지만 구역질이나 변비 등 불쾌한 부작용도 감내해야 한다. 미국에서 불법은 아니나 대만이나 호주 등 일부 국가에서는 중독성을 이유로 금지하고 있다.

요포 YOPO
Anadenanthera peregrine

남미산 나무이며 기다란 갈색 꼬투리가 열린다. 씨앗에는 부포테닌이라는 향정신성 물질이 들어 있어서, 일부 원주민들의 종교의식에서 코담배처럼 쓰인다. 요포를 찾는 이유는 환각 때문이지만 동시에 발작 증세를 유발할 수도 있다. 부포테닌은 특정 두꺼비종에서도 분비가 된다. 그래서 환각 효과를 얻기 위해 두꺼비를 핥기도 하는데, 그 바람에 발작과 심장 발작을 일으켜 병원으로 실려가는 경우가 많다.

부포테닌은 스케줄 I에 의해 규제되는 물질이지만 요포씨(그리고 두꺼비)까지 불법으로 금하지는 않는다. 몇몇 임상 연구에 따르면, 조현병이나 기타 정신질환 환자들 소변에서도 부포테닌이 검출된다고 한다. 또한 요포에 아야와스카의 성분이자 환각제인 디메틸트립타민이 들어 있다는 소문도 있으나 실제로 요포씨에 함유돼 있는지 확인된 바는 없다.

나팔꽃 MORNING GLORY
Ipomoea tricolor

나팔꽃씨는 소량의 리세르그산아미드(LSA)를 함유하는데, 이는 다량으로 섭취할 경우 LSD와 유사한 환각 증세에 빠질 수 있다. 주로 십 대들이 나팔꽃씨를 생으로 씹거나 물에 우려 차를 만든다. 최근 보도에 따르면, 원예점에서는 이런 유행이 있다는 걸 모르고 어린 청소년들이 화초에 관심을 보이는 게 반가워서 꾸준히 이 씨앗을 판매하고 있다고 한다. 그렇게 나팔꽃씨를 복용한 아이들은 맥박이 위험할 정도로 빨라지고 끔찍한 환각 증세로 인해 병원으로 이송되고 만다.

독당근
Poison Hemlock
CONIUM MACULATUM

1845년 어느 날, 덩컨 고라는 이름의 스코틀랜드 재단사가 샌드위치를 먹고 몇 시간 후 목숨을 잃었다. 아이들이 따온 채소를 넣은 샌드위치였는데, 독당근 잎이 레이스처럼 생겨서 파슬리 잎인 줄 알고 넣었던 것이다. 아버지한테서 배운 마지막(어쩌면 유일한) 식물 공부이건만 아이들에게는 영원히 잊지 못할 슬픈 수업이 되고 말았다.

과:	미나리과
서식지:	북반구 전역의 들판과 목초지, 주로 습한 토양과 해안 지역에 서식
원산지:	유럽
이명:	점박이 파슬리spotted parsley, 점박이 독미나리spotted cowbane, 악인의 오트밀bad-man's oatmeal, 독 뱀꼬리poison snakeweed, 비버 독beaver poison

독당근으로 인한 죽음은 겉으로 드러나는 모습만큼이나 간단하다. 고우는 취한 사람처럼 비틀거리다가 팔다리가 조금씩 마비되더니 독성분으로 인해 결국 심장과 폐가 활동을 멈추었다. 그 임종을 지켜본 주치의는 죽기 직전까지 환자의 정신은 멀쩡했다고 말했다.

독당근 피해자 중에서 제일 유명한 사람은 그리스의 철학자 소크라테스다. 그는 기원전 399년에 아테네 젊은이들을 타락시켰다는 죄목으로 사형선고를 받았다. 제자인 플라톤이 사형집행을 지켜봤다. 때가 되자 간수가 사약을 가져오고 소크라테스는 그걸 차분하게 들이켰다. 사형수 소크라테스는 잠시 감방에서 서성거렸지만 점점 다리가 풀리면서 벌렁 드러눕고 말았다. 간수가 발과 다리를 주무르며 감각이 있는지 묻자 소크라테스는 아무 느낌이 없다고 대답했다. 플라톤은 당시의 일을 이렇게 기록했다. "간수가 스승을 가리키며 냉기가 심장에 이르면 숨이 멎을 거라고 말했다." 그리고 잠시 후, 소크라테스는 조용히 세상을 떠났다.

그렇다고 독당근 중독이 언제나 그렇게 조용히 끝나지는 않은 모양이다. 로마의 군의관 니칸데르(기원전 197~기원전 130)가 쓴 이 독에 대한 산문시를 보면 다음과 같은 내용이 있다. "독당근즙은 한 모금이라도 위험하니 조심해야 한다. 자칫 머릿속에 칠흑 같은 어둠이 깔리는 참사가 벌어질 수 있기 때문이다. 눈이 돌아가고 비틀비틀 걷거나 네 발로 엉금엉금 기면서 거리를 헤맬 수도 있다. 숨통이 심하게 막히고 손끝과 발끝이 차가워지며 수족의 동맥도 수축한다. 희생자가 잠시 기절할 듯 숨을 멈추면 곧 그의 영혼이 하데스를 영접하게 되리라."

학자들은 니칸데르가 묘사한 식물이 독당근이 아니라 투구꽃이나 독미나리라고 결론을 내렸다. 그 결정적 증거는 영국인 의사 존 할리가 발견했는데, 1869년에 그는 시험 삼아 독당근을 조금 떼어 먹고 놀라운 사실을 알아내고 다음과 같이 기술했다.

"몸의 활력이 확연히 떨어졌다. 마치 '의지'가 완전히 빠져나간 기분이었다. 두 다리에 기운이 빠지면서 금방이라도 쓰러질 것 같았다. 정신은 아주 깨끗하고 또렷하며 두뇌 활동도 정상이지만 깊은 잠에 빠진 것처럼 몸만 그렇게 무거웠다."

독당근은 당근과 식물이며 독성이 강해 스코틀랜드에서는 '사자死者의 오트밀'이라 불리기도 했다. 봄에 어린싹이 올라오는데 갈라진 잎과 뾰족한 주근主根이 파슬리나 당근을 똑 닮았다. 한 철 만에 2미터가 넘게 자라기도 하며 야생 당근을 닮은 꽃을 피운다. 줄기는 텅 비어 있고 보라색 반점으로 덮여 있어서 이를 '소크라테스의 피'라는 이름으로 불리곤 한다. 독당근인지 아닌지 의심스러우면 잎을 짓이겨 냄새를 맡아보면 된다. 파스닙이나 쥐에서 나는 비슷한 악취로 인해 동물들은 이를 멀리할 정도이기 때문이다.

➤ **관련 식물** ≋ **독당근은 당근과에서도 악동이다. 당근과에는 딜, 셀러리, 펜넬, 파슬리, 아니스가 있다. 아니스 역시 독성이 있어서 다량으로 섭취 시에는 위험하다.**

부처꽃
Purple Loosestrife
LYTHRUM SALICARIA

찰스 다윈은 부처꽃의 매력에 빠져 1862년에 친구이자 유명 식물학자인 아사 그레이에게 편지를 써서 종자를 구해달라고 부탁까지 했다. '자네 식물들을 살펴보고 부디 씨앗을 구해주게나. 씨앗! 씨앗! 씨앗! 물론 호자동굴

과:	부처꽃과
서식지:	온대 기후의 목초지와 습지대
원산지:	유럽
이명:	퍼플 리트룸purple lythrum, 무지개 풀rainbow weed, 뿔 부처꽃spiked loosestrife

도 예쁘긴 하지만 말이네. 오, 부처꽃은 정말이지!' 다윈은 사인도 이렇게 마무리했다. '완전히 넋이 나간 친구, C. 다윈.'

부처꽃에 반한 사람이 다윈만은 아니었다. 유럽 정착민들 역시 이 목초지 식물을 미국으로 들여오는 통에 부처꽃은 쉽게 정착해 뿌리를 내릴 수 있었다. 원예가들과 동식물 연구가들도 이 크고 왕성한 야생화의 뾰족한 보라색 꽃을 크게 사랑했다. 20세기 내내 원예가들은 그늘이 지거나 토양이 척박하고 물 빠짐이 나쁜 곳이 있으면 이 꽃을 심으라고 열심히 추천했다. 1982년쯤이 돼서 원예가들도 그 엄청난 번식능력을 인지했으나 그래도 남자애들이 다 그렇지 않냐는 식으로 부처꽃을 '잘생

긴 악동' 정도로만 여겼다. 그리고 오히려 이 식물의 공격적인 성향마저 사랑했다.

기가 막힐 노릇이 아닐 수 없다. 부처꽃은 미국이 겪은 최악의 식물 침입종에 속하기 때문이다. 미국 47개 주를 거침없이 뻗어 나가 캐나다의 대부분을 점령했을 뿐만 아니라 뉴질랜드, 호주 심지어 아시아까지 진출했다. 부처꽃은 키가 3미터를 훌쩍 넘고 너비가 1.5미터에 달하며, 하나의 튼튼한 다년생 주근에서 줄기가 50개까지 돋아난다. 뿌리줄기가 건강하다면 꽃 하나에서 한 철 만에 무려 250만 개의 씨앗을 생산하는데, 씨앗은 20년이 지나도 살아남아 꽃을 피울 수 있다.

부처꽃은 습지대와 수로를 틀어막고 다른 식물의 성장을 방해하는 데다 식량자원을 고갈시킬 뿐만 아니라 야생동식물의 서식지마저 파괴한다. 미국에서만 6만 5000제곱킬로미터 정도가 부처꽃 군락의 차지가 됐으며 그 제거비용으로 매년 약 4500만 달러가 쓰이고 있다. 미국 연방 정부 지정 유해 식물로 분류돼서 여러 주에서 부처꽃의 이동이나 판매를 금지하고 있다. 대안으로 침입성과 번식력이 약한 식물종이 팔리기는 하지만 식물학자들은 부처꽃과에 속하는 식물은 뭐든 없애는 게 상책이라고 조언한다.

부처꽃은 유럽 원산이지만 그곳에서는 그리 피해가 크지 않다. 미국은 그 사실에 주목했다. 화학 스프레이, 기계 경작 등의 방법은 제거에 한계가 많은 터라 학자들은 유럽에서 부처꽃에 기생하는 곤충들을 수입했다. 바구미와 딱정벌레 몇 종은 생물학적 통제 수단으로 효과가 있었다. 다만 이 곤충들이 토종식물까지 파괴한다는 보고는 아직 없으나, 특정 생물을 통제하기 위해 해외의 다른 생물을 도입하는 일이란 늘 위험할 수밖에 없다.

관련 식물 배롱나무나 쿠페아는 후크시아와 비슷한 꽃이 피는 관목속이다.

대량학살을 즐기는 식물들

어떤 식물들은 침략자다. 경쟁자의 생장을 막고 식량을 빼앗으며 땅속에
독을 풀어 경쟁자를 쫓아내기까지 한다. 이런 식물들은 침략을 넘어
살상을 일삼는다.

검정말 HYDRLLA   *Hydrilla verticillata*

민물에 사는 수생식물로, 1960년대 아시아에서 플로리다로 넘어와 호수와
강에 빠르게 정착했다. 검정말은 뿌리를 단단히 내리고 하루 2~3센티미터씩
자라 수면에 이르는데, 어떤 것은 키가 8미터에 육박하기도 한다. 햇볕을 좋

아해서 일단 수면에 이르게 되면 카펫처럼 두껍게 수면을 덮어버리는 바람에 다른 수생생물이 자라지 못하고 배의 운항까지 어렵게 한다. 검정말 주변의 물은 고이기 쉽기에 모기들의 서식지로 바뀐다. 미국에서는 수온이 따뜻한 민물 환경에서 주로 볼 수 있는데, 아주 작은 식물 조각만으로도 재생되기에 제거는 불가능에 가깝다. 어느 과학자는 검정말을 일단 걸리기만 하면 영원히 헤어나지 못하는 대상포진에 비유한 바 있다.

새삼 DODDER   *Cuscuta* spp.

미국 농무부에서는 새삼류 대부분을 미국 연방정부 지정 유해 식물로 보고 있다. 이 기생식물은 마치 지구 식물의 생기를 빨아먹기 위해 침입한 외계생명체처럼 보이지만 실상도 그다지 다르지 않다. 새삼 줄기는 끈처럼 길게 자라는데 신기하게도 오렌지색, 분홍색, 빨간색, 황색까지 그 색이 무척 다양하다.(잎사귀가 없지는 않으나 너무 작아 거의 보이지 않는다.) 또한 광합성 능력이 부족하여 다른 식물로부터 양분을 얻어야 한다. 씨가 발아하면 어린 싹은 일주일 내에 숙주식물을 찾아야 하며 그렇지 못하면 죽고 만다. 싹은 영양분이 있을 만한 숙주가 있는 방향으로 자란다. 실험에 의하면 새삼은 숙주가될 식물의 냄새를 찾아 뻗어 나가는데 이는 인근에 식물이 자라지 않을 때도 마찬가지다. 요컨대, 식물이지만 동물처럼 후각이 발달했다는 뜻이다.

새삼이 숙주를 찾으면 뱀처럼 그 식물을 감싸고 작은 진균 구조를 삽입한 다음에 영양분을 빨아먹는다. 새삼 하나가 다수의 숙주에 침투할 수 있으며 양분을 모조리 빼앗아 먹다가 결국 죽이고 만다. 새삼에 뒤덮인 들판은 마치 실리 스트링* 장난감의 공격을 받은 것처럼 보인다.

향부자 PURPLE NUTSEDGE   *Cyperus rotundus*

많은 전문가가 지상 최악의 잡초로 보고 있다. 세계 온대 기후 전역에서 찾아볼 수 있는데 빠른 속도로 번지며 토종식물을 몰아내고 농작물 경작지에까지 침투한다. 땅을 갈아엎는 갈문이 작업은 땅속의 덩이줄기를 파괴한다고 해도 그 파편 하나하나가 새로 싹을 틔우기에 오히려 번식에 도움만 줄 뿐이다. 향부자가 정말 지독한 까닭은 타감작용성 화합물을 흙 속으로 방출해 경쟁자를 죽이기 때문이다. 향부자를 제대로 억제하지 못하면 다른 식물들을 몰아내는 데 그치지 않고 아예 독살해버린다.

큰생이가래 GIANT SALVINIA   *Salvinia molesta*

물 위를 떠다니는 수생 양치류인데, 이틀이면 두 배로 번식하며 수면에서 1미터 깊이까지 두껍게 카펫처럼 쌓이기도 한다. 가장 거대한 군락은 놀랍게도 250제곱킬로미터까지 뻗어 나가기도 했다. 큰생이가래는 미국 남부 전역의 민물, 습지대, 개울에서 볼 수 있다. 영양분이 풍부한 수질을 좋아해 특히 비료가 흘러 들어가거나 정수장에서 나온 물에서 왕성하게 자란다.

반얀나무 STRANGLER FIGS   *Ficus aurea*

매우 악의적으로 다른 나무를 칭칭 감아 죽음에까지 이르게 하는 식물이다. 새들을 이용하여 씨를 전파하기에 다른 나무의 가지 위에서 싹을 틔우고는 튼튼한 뿌리로 숙주로 삼은 나무를 감으며 땅을 향해 뻗는다. 숙주의 나무줄

---

* Silly String, 스프레이 캔 속에 담긴 액체를 뿌리면 갖가지 색의 플라스틱 줄이 뿜어져 나오는 장난감이다.

기를 완전히 감아버리기도 하며, 숙주가 죽으면 그 줄기 속이 텅 비어서 마치 반얀나무의 거대한 빨대처럼 변하고 만다.

이렇듯 반얀나무가 섬뜩한 성질을 가지고는 있으나, 주로 침입성 식물이 아니라 생태계 보금자리의 틈새를 공략한 독특한 생물로 보고 식물학적 호기심 거리로만 여겨서 문제가 크다.

래트베인
Ratbane

DICHAPETALUM CYMOSUN
OR D. TOXICARIUM

치명적인 독이라고 할 수 있는 플루오르화아세트산나트륨을 생산하는 식물들이 있는데, 그중 최고는 서아프리카의 꽃나무인 디카페탈룸 시모숨 Dichapetalum cymosum과 디카페탈룸 톡시카리움 Dichapetalum toxicarium이다. 지리

과:	디카페탈룸과
서식지:	열대 및 아열대 지역
원산지:	아프리카
이명:	독 잎poison leaf, 쥐약 식물rat poison plant

적 고립 덕분에 1940년대까지는 두 나무가 크게 위협이 되지는 않았으나, 나무에서 추출한 독성으로 쥐나 코요테 같은 천적들을 통제할 수 있는 강력한 화학약품을 만들게 되면서 상황이 달라졌다.

독성은 향도, 맛도 없지만 미미한 양으로 포유류까지 죽일 수 있다. 중독되면 구토, 발작, 부정맥, 호흡 장애가 이어지다가 대체로 몇 시간 내에 사망한다. 설령 목숨을 건진다 해도 내장기관 손상으로 평생 고생하게 된다. 독이 체내에 오래 머물기에 다른 동물이 오염된 생물을 먹기라도 하면 먹이사슬을 따라 연쇄적으로 피해를 줄 수 있다. 그 때문에 래트베인은 이따금 '연쇄 살상독'이라고 불리기도 한다.

플루오르화아세트산나트륨은 컴파운드 1080이라는 이름으로 불리기도 하며, 사용 허가와 금지가 거듭되다 1972년에 미국 환경보호청(EPA)이 시안화나트륨과 스트리크닌과 함께 금지했다. 그러나 후일 미국 농무부가 가축 보호용 칼라에 플루오르화아세트산나트륨 투여를 하도록 허용했다. 다시 말해, 컴파운드 1080 15밀리리터를 칼라에 넣어 양과 소의 목에 착용시켜놓고 코요테가 가축의 경동맥을 물어뜯으며 공격할 때 이 독을 먹게 하려는 것이다.

천적 관리를 하기 위해 약물을 사용하는 문제는 논란의 여지가 있다. 일부 보수파의 주장에 따르면, 그런 맹독이 든 칼라를 가축의 목에 걸면 자칫 물고기, 새, 식수까지 중독시킬 가능성이 있다고 한다. 뉴질랜드에서도 쥐나 주머니쥐를 잡기 위해 독을 공중살포했으나, 오히려 이 무자비한 살상독 사용 문제로 환경론자들의 반발을 샀다.

2004년에 컴파운드 1080은 세간의 관심을 모았다. 신원미상의 연쇄살인마가 상파울루 동물원의 동물 수십 마리를 죽이는 데 사용했던 것이다. 범인이 얼마나 동물에게 치밀하게 접근했던지 동물의 음식이나 식수에서는 독성조차 발견되지 않았다. 낙타, 고슴도치, 침팬지, 코끼리들이 죽는 동안 동물원 직원들은 보안 대책을 세우느라 허둥거렸다. 브라질에서는 금지된 독이건만 범인은 용케 밀수해 이런 대참사를 일으켰다.

2006년 이라크 연구팀의 보고서 기록에 의하면, 연합군은 대량의 컴파운드 1080 물약이 화학무기용으로 보관된 것을 발견했다고 한다. 앨라배마의 옥스퍼드에 있는 한 회사에서 제조한 이 약품들을 대체 사담 후세인은 어떻게 입수했고 그 약으로 뭘 하려 했던 걸까? 오리건주 민

주당 하원의원 피터 디파지오는 이 약품이 가축 보호보다 위험한 화학 무기로써 사용됐을 가능성이 더 크다고 지적했다. 당시 신문기사를 보면 미국 환경보호청은 디파지오 의원의 지적에 이 약품의 사용 금지 권한은 미국 국토안보부(DHS)에게 있다고 했고, 한편 미국 국토안보부는 특정 화학약품의 금지는 자신들의 권한 밖이라며 발뺌했다. 그 후, 디파지오 의원은 플루오르화아세트산나트륨 금지법을 발의했으나 운영위원회에서 부결되고 말았다.

☞ 관련 식물 ☜ 래트베인과 비슷한 꽃나무와 관목은 아프리카와 남미에서 찾아볼 수 있는데, 타푸라Tapura와 스테파노포디움Stephanopodium이 여기에 속한다.

묵주 완두
Rosary Pea
ABRUS PRECATORIUS

1908년, 『워싱턴포스트』에 '앞으로는 열대식물이 일기예보에 중요한 역할을 하게 될 것이다'라는 기사가 실렸다. 바로 이 기사에 나온 주인공이 바로 묵주 완두다. 이 묵주 완두를 알리는 데 힘을 쓴 이는 비엔나 프리틀란트의 남작이자 교수인 요제프 노박으로, 그는 전 세계에 식물 기상청을 세우고 기상청마다 이 신비의 열대 덩굴식물

과:	콩과
서식지:	건조한 토양, 높지 않은 지대, 열대 기후 지역
원산지:	열대 아프리카와 아시아, 전 세계 열대 및 아열대 지방
이명:	로자리콩jequirity bean, 홍두precatory bean, 죽은 게의 눈deadly crab's eye, 루티ruti, 인디언 감초Indian licorice, 일기예보 식물weather plant

을 키워 날씨를 읽게 할 계획을 세웠다. 그는 그 깃털 같은 잎이 하늘을 가리키면 날씨가 청명하고 처지면 뇌우가 찾아온다고 주장했다.

노박 남작은 자신의 주장을 입증하지도 못하고 기상청을 세울 수도 없었지만 어쨌거나 세계에서 가장 위험한 씨앗을 소개해 대중의 관심을 끄는 데는 성공했다.

묵주 완두 덩굴은 열대 정글을 헤집으며, 가는 줄기로 주변 나무와 관

목을 휘감아버린다. 다 자란 덩굴의 줄기는 크고 단단해 3~5미터까지 기어오를 수 있다. 줄기 하나에 연보라색 꽃송이가 피다가 꼬투리를 만드는데 그 안에 반짝이는 보석 같지만 독성이 있는 씨앗이 들어 있다.

밝은 적색 씨앗은 광택이 나며 꼭지에 검은 점이 하나 박혀 있는데, 이는 콩이 꼬투리에 붙었던 자리에 남은 흔적이다. 그 흔적이 무당벌레와 크기도, 색도 같아 액세서리 제작에 좋은 비즈 소재로도 쓰인다.

씨앗 하나에도 독성이 매우 강해 씹는 것만으로도 사람을 죽일 수 있다. 사실 액세서리를 만들기 위해 딱딱한 씨앗 껍질에 구멍을 뚫고 실을 꿰는 것만으로도 위험하다. 바늘에 손가락이 찔려 자칫 묵주 완두의 가루가 살짝 닿기만 해도 인체에 치명적이며, 날리는 가루를 흡입하는 것 역시 위험하다.

묵주 완주에 함유된 독성은 아브린이라는 단백질로 피마자 속 리신과 매우 유사하다. 아브린은 세포막에 기생하여, 세포가 단백질을 생성하지 못하게 해서 사멸시킨다. 증세가 나타나기까지 몇 시간 혹은 며칠이 걸리지만, 일단 시동이 걸리면 환자는 구역질, 구토, 경련, 혼미함, 간 부전으로 며칠씩 고생하다가 사망한다. 안타깝게도 씨앗의 색이 알록달록한 탓에 어린아이들이 좋아한다. 어느 인도 의사의 경고처럼 묵주 완두는 '어린이들을 키스로 죽인다'.

➣ **관련 식물** ☞ 아브루스 멜라노스페르무스Abrus melanospermus와 아브루스 몰리스Abrus mollis는 쏘이거나 물린 피부 상처의 치료제로 사용하지만, 독성에 대해서는 아직 알려진 바가 없다.

끔찍한 옻나무들

덩굴옻나무, 오크옻나무,
수맥옻나무는 미국 전역에 뿌리를
내렸지만, 이 옻나무류가 얼마나
사악한지 아는 사람은 많지
않다.

덩굴옻나무 POISON IVY	*Toxicodendron radicans*
오크옻나무 POISON OAK	*Toxicodendron diversilobum, others*
수맥옻나무POISON SUMAC	*Toxicodendron vernix*

덩굴옻나무는 정확히 말해서 덩굴은 아니다. 오크옻나무도 오크나무가 아니
며 수맥옻나무 또한 수맥나무와 아무 상관이 없다. 게다가 이 옻나무들은 유
독한 식물들이 아니다.

이 나무들이 만들어내는 자극성 유액, 우르시올은 독성이 없어도 많은 사람
이 알레르기 반응을 일으킨다. 신기하게도 우르시올 접촉으로 고생하는 존재
는 사람뿐이다. 옻 특유의 황산성 수액에 왜 사람만 반응하는지 그 이유는 아

무도 모른다. 우르시올은 인체에 알레르기 반응을 일으킨다. 하지만 마치 돈 키호테가 풍차와 싸우듯, 인간의 면역체계도 우르시올에는 그저 속수무책으로 당할 뿐이다. 게다가 노출될 때마다 그 증세는 점점 더 심해지고 동시에 면역 반응 역시 강화하기 때문에 당연히 증상도 더욱 악화된다.

인류의 약 15~25퍼센트는 옻나무에 반응하지 않으므로 발진 등의 증상도 나타나지 않는다. 설령 알레르기 반응이 나타난다고 해도 옻에 오랫동안 직접 접촉할 때만 해당한다. 그러나 인류의 절반 정도는 이 식물과의 접촉으로 인한 부작용 때문에 고생할 수밖에 없다. 알레르기 반응이 심각하면 입원할 수도 있는데, 식물학자와 의사들은 그런 사람들에게 '과민성'이 있다고 설명한다.

옻나무 종류에 민감한 사람은 피부에서 고름이 나오고 그 통증도 심하다. 옻 유액이 침낭, 옷, 반려견의 털에서도 효과를 발휘하기 때문에 상황을 깨달았을 때는 이미 손을 쓰기 늦었을 수도 있다. 발진이 일어나기 전까지 보통 며칠이 걸리며 일단 증세가 나타나면 2~3주 동안 이어진다. 오트밀 목욕이 치료에 효과가 있으며, 심할 경우 스테로이드 주사를 맞기도 하나 대부분 시간이 지나면 증상은 사라진다. 옻으로 인한 통증 때문에 끙끙 앓기야 하겠지만, 다행히도 발진은 전염성이 아니어서 가족한테 옮는 일은 없다.

덩굴옻나무와 오크옻나무는 흔히 볼 수 있지만 옻나무인지 알아내기는 다소 어렵다. 그래서 캠핑하는 사람들은 직접 접촉을 피하려고 흰 종이로 나무줄기나 잎을 감싸 으깨는 요령으로 식물의 우르시올 함유 여부를 알아낸다. 만약 우르시올이 들어 있으면, 종이에 금세 갈색 얼룩이 나타나고 몇 시간이 지나면 까맣게 변하게 된다.

옻나무에 알레르기 반응이 있으면 다음과 같은 관련 식물로 인해 영향을 받을 가능성이 크다.

캐슈나무 CASHEW TREE _Anacardium occidentale_

캐슈넛을 삶아 먹는다면 아무 문제 없다. 다만 캐슈넛이 매달려 있는 '캐슈 애플' 열매를 포함해, 캐슈나무의 유액은 오크옻나무와 비슷한 발진을 일 으킨다.

망고나무 MANGP TREE _Mangifera indica_

열매의 과육을 제외한 모든 부위에서 휘발성 유액을 만들어낸다. 심한 옻독 증세를 겪어봤다면 열매껍질이나 나무의 다른 부위로 인해 과민성 반응이 나 타날 수 있다.

옻나무 LACQUER TREE _Toxicodendron vernicifluum_

옻나무는 몇백 년간 옻 유액과 광택제를 만드는 데 이용됐으나 다루기가 지 극히 어렵고 이를 다루는 노동자들한테도 위험하다. 심지어 고대 무덤에서 찾아낸 옻칠을 통해서도 발진이 일어날 정도다.

사고야자
Sago Palm
CYCAS SPP.

플로리다에서 캘리포니아로 이주해
온 정원사라면 누구나 사고야자에 대
해 잘 안다. 아주 튼실하고 성장이 느
리지만, 풍경을 특별하게 만드는 매
력이 있어 자주 활용되고 있다. 가장
일반적인 종인 키카스 레볼루타Cycas

과:	소철과
서식지:	열대 지역, 일부 사막 환경
원산지:	동남아시아, 태평양 섬, 호주
이명:	가짜 야자false sago, 고비야자fern palm, 소철cycad

revoluta는 화분식물로도 인기가 좋고 식물원에서도 흔히 찾아볼 수 있
다. 다만 사람들은 이 식물 전체, 특히 잎과 씨에 발암물질과 신경독이
들어 있다는 사실을 모른다. 그래서 사람들의 중독 사고만큼이나 이 식
물을 갉은 반려동물이 중독되는 일도 흔하다.

가장 유명한 중독 사건으로 괌 사고를 예로 들 수 있다. 지역 주민들
이 비슷한 종류인 키카스 키르키날리스Cycas circinalis 씨앗으로 가루를
만들었다. 전통 방식에 따라 씨앗을 물에 담가 독을 빼야 했으나 세계
제2차 세계대전 중에 식량이 부족한 터라 손질도 제대로 하지 못한 채
씨앗을 먹곤 했다. 이 식물의 독성은 괌 주민들이 별미 요리 재료로 여

기는 박쥐에서도 발견된다. 그러나 식량이 부족한 데다 군인들까지 주둔했기에 전쟁 중에는 그 어느 때보다 박쥐 사냥도 많이 이루어졌고 또 섭취도 빈번했다.

오늘날 과학자들은 그 바람에 근위축성측색경화증(ALS), 흔히 말하는 루게릭병의 변형을 초래했다고 본다. 전쟁 후, 괌에서 발병한 이 특이 형태의 질병에는 ALS의 대표적인 특징인 신경 변성, 파킨슨병과 관련된 신체 떨림 증상 그리고 알츠하이머와 유사한 증후군들이 다수 포함돼 있었다. 의학전문가들은 이 증후군을 '괌 질환'이라 명명하고 지켜봤으나, 병에 걸린 섬 주민들은 끝내 숨을 거두고 말았다. 또한 그 섬에서 지냈던 영국 퇴역군인과 전쟁 포로들이 말년에 파킨슨병에 걸리기도 했는데 그 비율이 상당히 높았다. 후일 섬사람들의 생활 수준이 높아지고 식단도 서구식으로 바뀌면서 이러한 증후군은 거의 사라졌다.

미국 동물학대방지협회는 사고야자를 반려동물에게 아주 유독한 식물로 규정하고 있다. 씨 몇 알만으로 위장 장애, 발작, 간장 손상, 심지어 죽음에 이를 수 있기 때문이다. 특히 개들이 잎을 갉고 뿌리 부분을 씹는 버릇이 있어 위험하다. 이름에 '야자'라는 단어가 들어 있지만 엄밀하게는 야자가 아니라 침엽수와 마찬가지로 솔방울을 만들어내는 겉씨식물에 속한다.

➤ 관련 식물 ✎ 사고야자는 소철과의 유일한 속이다. 몇몇 속은 아주 귀해 수집가들의 목표가 되기 쉽다. 고대 식물이라 6500만 년 전의 화석에도 간간이 나타나기도 한다.

고양이를 죽이는 방법은 얼마든지 있다

영리한 동물들은 해로운 식물을 피한다지만 자신이 키우는 반려동물이
영리한지 아닌지 어떻게 안단 말인가? 동물은 따분하거나, 오랫동안 갇혀
지내면 주변의 아무 식물이나 씹으려 달려든다. 미국 동물학대방지협회
중독관리센터에는 식물 중독과 관련해 매년 수만 건의 전화가 걸려온다.
사고야자 말고도 반려동물에게 구토,
설사를 유발하는 식물은
얼마든지 존재하며 일부는
치명적이기까지 하다. 그중
일부를 소개해본다.

알로에 ALOE *Aloe vera*

화상 및 찰과상 치료에 효과가 있으나 알로에의 사포닌 성분은 발작과 마비
를 일으키거나 구강, 목, 소화기에 염증을 일으킬 수 있다.

수선화와 튤립 DAFFPDIL AND TULIP *Narcissus* spp., *Tulipa* spp.

구근에 함유된 다양한 독성으로 인해 침을 많이 흘리거나 우울증, 몸의 떨림, 심장질환이 발생할 수 있다. 구근식물용 비료는 골분骨粉으로 제조하는데, 개들이 그 향을 좋아하여 화단의 흙을 파내 새로 심은 구근을 씹기도 한다. 물론 그 결과는 참혹하다.

디펜바키아 DIEFFENBACHIA *Dieffenbachia* spp.

실내 화분식물로 인기가 높으며 벙어리 나무라고도 불린다. 수산칼슘 결정으로 인하여 구강 내부에 화상을 입을 수 있으며 침을 흘리고 혀가 퉁퉁 부을 뿐만 아니라 신장 손상까지 입을 수 있다.

칼랑코에 KALANCHOE *Kalonchoe blossfeldiana*

빨간색, 노란색, 분홍색 꽃을 피우는 작은 다육식물이며 실내식물로 인기가 높다. 부파이디에놀리드라는 이름의 심장 스테로이드가 심장 손상을 일으킬 수 있다.

백합 LILIES *Lilium* spp.

백합의 모든 부위가 고양이에게 유독하며, 신부전증에 걸리면 하루 이틀 내에 사망에 이를 수 있다. 참나리 화분을 집에 들이기 전에는 꼭 다시 한번 생각하자. 또한 꽃꽂이에 백합이 들어 있다면 반려묘가 닿지 못하는 곳에 두는게 좋다.

대마 MARIJUANA *Cannabis sativa*

대마는 반려동물의 신경조직을 건드려 발작이나 혼수상태를 유발한다. 동물한테 마비 증상이 보이면 곧바로 수의사에게 데려가 정확하게 설명하고 제대로 치료를 받아야 한다. 그나마 다행인 것은 수의사들은 이런 종류의 질환에 경험이 많다는 점이다.

남천 NANDINA   *Nandina domestica*

천상의 대나무라고도 불리는 이 장식용 나무는 시안화물을 생산한다. 이 물질로 인해 발작, 혼수상태, 호흡 질환이 일어나며 심지어 사망까지 이어질 수 있다.

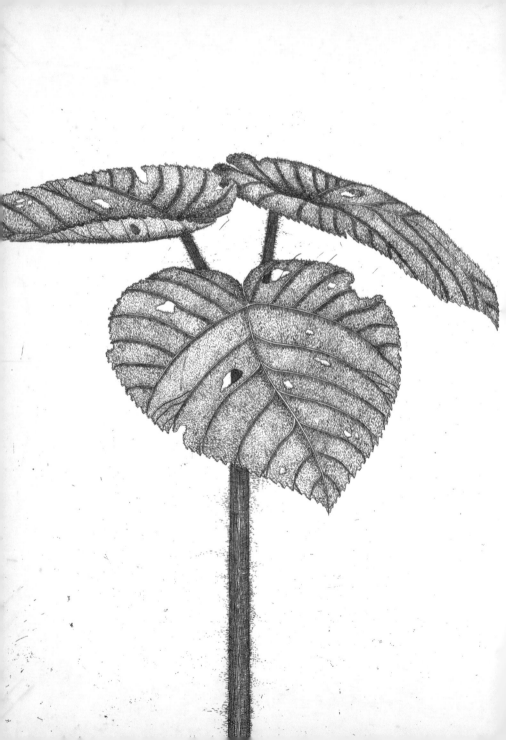

짐피나무
Stinging Tree
DENDROCNIDE MOROIDES

이 작은 나무는 호주에서 가장 무서운 나무로 유명하다. 키는 2미터 정도이며, 맛있어 보이는 붉은 열매 송이가 마치 라즈베리를 닮았다. 복숭아 솜털처럼 생긴 규소 섬모가 나무 전체를 덮고 있는데, 이 털에는 강력한 신경독이 들어 있다. 살짝 스치는 것만으로도 끔찍한 통증을 느낄 수 있으며, 최악의 경우 1년 이상 고생하기도 한다. 통증으로 인한 심한 쇼크로 심근경색이 일어날 수도 있다.

과:	쐐기풀과
서식지:	우림, 특히 협곡이나 비탈의 험지
원산지:	호주
이명:	짐피 짐피gympie gympie, 문라이터moonlighter, 스팅어stinger, 뽕잎 스팅어mulberry-leaved stinger

섬모가 미세하여 피부를 쉽게 뚫고 들어가지만, 뽑아내는 건 거의 불가능하다. 게다가 규소는 혈관에서 분해되지 않는 데다 독성 자체도 매우 독해서 심지어 고사한 짐피나무 속에서도 맹독성을 유지한다. 통증은 매우 덥거나 추울 경우, 혹은 단순히 피부를 건드리는 것만으로도 몇 달간 계속 재발한다. 짐피나무가 서식하는 숲을 산책하는 것만으로도 위험할 수 있다. 근처를 지나가다가 나무에서 끊임없이 흩날리는 솜털

을 들이마시거나 눈에 날아와 박힐 수 있기 때문이다.

1941년, 한 병사는 훈련 도중 짐피나무 위에 떨어져 온몸이 솜털에 찔리는 바람에 병원에 실려 가서 무려 3주나 고통을 겪었다. 심지어 장교 한 명은 극심한 통증을 이기지 못하고 스스로 목숨을 끊었다. 피해자가 사람만은 아니다. 19세기에는 말이 이 나무에 쏘여 죽었다는 신문기사가 심심찮게 나왔다.

호주에 있는 우림을 지날 때는 항상 짐피나무를 조심해야 한다. 나무의 솜털은 웬만한 보호복 정도는 쉽게 뚫는다. 치료라고 해봐야 왁스 스트립으로 섬모를 뽑아내는 정도인데, 직접 할 수도 있지만 전문가들은 치료 전에 위스키부터 한 잔 마시길 권한다.

➲ 관련 식물 ➪　쐐기과에서도 짐피나무Dendrocnide moroides가 통증이 가장 심한 것으로 알려져 있다. 덴드로크니데 엑스켈사Dendrocnide excelsa, 덴드로크니데 코르디포리아Dendrocnide cordifolia, 덴드로크니데 수브클라우사 Dendrocnide subclausa, 덴드로크니데 포티노필라Dendrocnide photinophylla 역시 짐피나무라고 불린다.

쐐기풀을 소개합니다

저 작고 가는 쐐기풀 털이 아프면
얼마나 아프겠냐 싶겠지만
쐐기풀의 섬모는 살짝
스치기만 해도 피하주사
바늘처럼 살갗 내부로 독을
주입한다. 의학용어인
'우르티카리아urticaria'는
심한 두드러기를 뜻하는데,
이는 쐐기풀을 뜻하는 라틴어
'우르티카urtica'에서 비롯된
이름이다.
일반적으로 통증을 유발하는 식물들을
쐐기풀로 칭하고 있으나 진짜 쐐기풀은
쐐기풀과에 속하는 식물들뿐이다. 다년생
초본인 쐐기풀은 땅속에서 뿌리줄기로
번식하며 북아메리카, 유럽, 아시아,
아프리카 일부에 서식한다. 쐐기풀의 털
속에는 다양한 화합물이 들어 있는데, 그중
타타르산은 근육에 영향을 미치며 많은
과일과 채소 속에 함유된 옥살산은 위장을 자극한다. 또한 포름산은 벌과
개미가 쏘는 침의 성분이지만 쐐기풀에도 미량 존재한다.
다행히 쐐기풀 중독은 민간요법으로도 치료할 수 있다. 바로 쐐기풀즙을

이용한 방법인데, 잎을 으깨 나온 액즙이 털에 쏘여 생긴 산성을
중화한다고 전해진다. 쐐기풀 근처에서 주로 자라지만 잎에 예리한 독
가시가 없는 소리쟁이 역시 쐐기풀로 인한 자극을 진정시키는 데 효과가
있다. 이러한 민간요법의 효과를 입증할 수는 없지만, 전문가들은 적어도
소리쟁이 잎을 찾는 동안에 통증을 잊을 수 있을 거라는 점에는 동의한다.
쐐기풀이라고 다 나쁜 것은 아니다. 어린 쐐기풀 싹을 끓여 미세한
털만 제거하면 맛도 좋고 영양 많은 봄나물이 된다. 류머티즘 환자들은
일부러 쐐기풀에 찔려 관절 통증을 잊곤 하는데, 재미있게도 이 자학적인
치료법에는 '쐐기풀 요법'이라는 이름까지 붙어 있다.

서양쐐기풀 STINGING NETTLE   *Urtica dioica*

제일 잘 알려진 쐐기풀이며 미국, 북유럽 전역의 습한 토양에서 자란다. 다년
생 초본으로 여름에는 키가 1미터 정도까지 자라고, 겨울에는 죽어 땅속으로
돌아간다.

난쟁이쐐기풀 DWARF NETTLE   *Urtica urens*

키 작은 일년생 초본으로 쏘이면 미국에서 가장 고통스러운 식물로 알려져
있다. 유럽과 북미 지역에서 자란다.

옹가옹가 ONGAONGA   *Urtica ferox*

쏘였을 때 뉴질랜드에서 가장 고통스럽기로 유명한 식물이다. 발진과 수포를
일으키며 강한 통증이 며칠씩 이어진다. 식물에 온몸이 닿게 되면 개나 말 등
은 목숨을 잃을 수도 있는데 과민성 쇼크로 인한 알레르기 반응이 원인으로

보인다.

쐐기나무 NETTLE TREE *Urera baccifera*

멕시코에서 브라질까지 남미 전역에서 만날 수 있다. 민족 식물학자들의 연구에 따르면, 에콰도르 아마존의 슈아르족이 그 따끔한 잎을 이용해 못된 짓을 저지른 아이들을 벌줬다고 한다.

흑쐐기풀 TREE NETTLE *Laportea* spp.

아시아와 호주의 열대 및 아열대 지역에서 자란다. 다른 쐐기풀과 달리 몇 주, 몇 달 동안 통증이 이어지며 호흡 장애까지 유발한다. 수십 년 동안 마른 가지라도 충분히 해를 끼칠 수 있다.

스트리크닌나무
Strychnine Tree
STRYCHNOS NUX-VOMICA

토머스 닐 크림 박사는 19세기의 연쇄
살인마다. 살인 도구로 스트리크닌을
애용했는데 그는 이를 15미터 높이 스
트리크닌나무의 씨앗에서 채취했다.
설치류나 유해 동물을 죽이는 데 아주
효과가 좋아서 쥐약으로 사용하기도
했던 터라 크림 박사에게 있어 성가신
애인을 없애는 데도 매우 유용했다.

과:	**마전과**
서식지:	**열대, 아열대 기후의 햇볕이 잘 드는 탁 트인 지역**
원산지:	**동남아시아**
이명:	**스트리크닌**strychnine, **호미카**nux vomica, **퀘이커 버튼**quaker button, **구역질 견과**vomit nut

　첫 살인의 시작은 캐나다였다. 박사는 교제하던 여성이 임신하여 마
지못해 결혼해야 할 판이었다. 박사는 결혼 직후 달아났다가 나중에 캐
나다로 돌아왔다. 그리고 얼마 되지 않아 그 여성은 원인을 알 수 없는
사인으로 목숨을 잃었다. 의대에서의 연애도 사귀던 젊은 여성이 죽는
바람에 끝이 났다.

　나중에 그는 시카고에서 병원을 개업했고, 그곳에서 의사 생활을 하
던 중에 한 남자가 스트리크닌 중독으로 사망했다. 남자의 아내는 자

기가 체포될 위기에 처하자 독물 제공 혐의로 크림 박사를 고발했다.

그러나 박사는 살인을 멈추지 않았다. 10년 후에 복역을 마치고 런던에서 불우한 젊은 여성들을 치료했던 것이다. 치료를 받았던 여성들의 사인으로 알코올 중독 같은 엉뚱한 요인들이 오르내렸으나 진짜 이유는 박사가 몰래 음료에 타 넣은 스트리크닌 씨앗 가루였다. 크림 박사는 공명심이 커서 자신이 어떤 일을 했는지 떠벌리고 다니는 바람에 결국 경찰에 체포되고 말았다. 그의 나이 42세, 재판에서 유죄 판결을 받고 교수대의 이슬로 사라졌다.

스트리크닌은 신경체계를 통제하고, 극심한 고통이 밀물처럼 쇄도하게 하는 통증 스위치를 작동시킨다. 신경조직의 폭주를 막을 방법이 없으므로 온몸의 근육이 등이 휠 정도로 경련을 일으키고 숨도 제대로 못 쉬다가 호흡 장애나 탈진으로 결국 목숨을 잃고 만다. 불과 30분 안에 증세가 시작되고 몇 시간 동안 고통을 겪다가 죽는 것이다. 사망자의 얼굴이 고통과 공포에 일그러진 채 굳어버리는 것도 그런 까닭에서다.

스트리크닌 독을 자주 복용하면 점점 내성까지 생긴다는 이야기도 있다. 미트리다테스 대왕은 스트리크닌을 비롯해 온갖 독성에 저항력을 꾸준히 키워온 인물로도 유명하다. 적군의 독사 공격에서도 살아남은 것도 그 덕분이었다. 그는 독약을 만들면 죄수들에게 시험한 뒤 자신이 삼켰는데, 이 일화를 빌려 영국의 고전학자이자 시인인 앨프리드 에드워드 하우스먼이 지은 시가 있다.

그들은 잔에 스트리크닌을 타고
왕이 잔을 비우자 그만 학을 떼었다네.

하얀 셔츠처럼 질린 채 덜덜 떨었다네.

그 독에 당한 것은 바로 그들 자신이었으니.

나도 들은 대로 이야기를 전하거니와,

미트리다테스, 왕은 노환으로 죽었다네.

알렉상드르 뒤마는 『몽테크리스토 백작』에서 스트리크닌나무 씨앗에 함유된 또 다른 독인 브루신에 관해 언급하며, 독을 소량을 복용해 조금씩 내성을 쌓을 것을 다음과 같이 제안했다. "한 달쯤 후 똑같이 독이 든 물병의 물을 마셔보라. 함께 마신 사람은 죽어도 당신은 그 물에 독이 들어 있다는 사실조차 깨닫지 못할 것이다. 물론 물에 섞인 독성 때문에 가벼운 부작용이 따를 수는 있다."

⪜ 관련 식물 ⪝ 스트리크닌 덩굴 Strychnos toxifera **나무껍질을 끓이면 화살 독으로 사용할 수 있다. 인도에서는 너말리나무**Strychnos potatorum**를 이용해 유해 미생물을 살균하는 정화제를 만든다.**

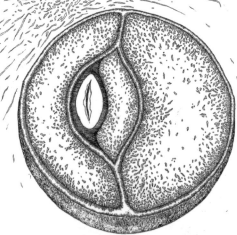

과:	협죽도과
서식지:	남인도 및 동남아시아의 맹그로브습지와 강둑
원산지:	인도
이명:	오탈랑가 마람othalanga maram, 카투 아랄리아 kattu aralia, 파멘타나famentana, 키소포kisopo, 사만타samanta, 탄제나tangena, 퐁퐁pong-pong, 부타부타butabuta, 냔nyan

자살나무
Suicide Tree

CERBERA ODOLLAM

인도 남서부 해안, 케랄라 후미의 석호는 짧은꼬리원숭이, 인도큰다
람쥐, 그리고 닐기리타르라는 이름의 작고 땅땅한 염소들이 주인처럼
지내는 곳이다. 자살나무는 바로 이곳, 살모사, 비단뱀, 스팅잉 캣피시
stinging catfish가 우글대는 저지대 수로에 살고 있다. 자살나무의 짙은 색
좁은 잎은 사촌 격인 협죽도를 닮았으며, 별 모양의 흰 꽃송이는 재스민
처럼 달콤한 향기를 내뿜는다. 통통한 녹색 열매는 작고 설익은 망고를
닮았지만 여기에는 위험한 함정이 도사리고 있다. 씨앗 속의 흰 견과 과
육에는 3~6시간 안에 심장을 멈추게 할 정도의 강심배당체가 함유돼
있기 때문이다.

꼭 야생 상태에서만 위험한 것도 아니다. 인가 근처의 자살나무라고
해도 독성이 완화되지는 않는다. 케랄라의 자살률은 인도 평균 자살률
의 약 세 배로, 케랄라 지역 주민들은 매일 100명가량이 자살을 시도하
고 그중 25~30명이 성공하는 꼴이다. 또한 약 40퍼센트가 독극물을
주로 자살 수단으로 선택하는데, 특히 여성들이 으깬 자살나무 견과를
즐겨 찾는다. 여기에 야자 유액에서 추출한 비정제 설탕을 섞어 최후의

디저트로 먹는 것이다. 하지만 견과의 쓴맛은 코코넛과 밥이 곁들여지는 그 지역 별미인 카레로 쉽게 감출 수 있다.

자살나무 중독 증세가 심장마비와 비슷해서 씨앗을 살인 도구로 사용한 적도 있다. 2004년, 프랑스와 인도 과학자 팀이 액체 크로마토그래피와 질량분석 연구를 시행하여, 미궁에 빠진 사망 사건의 사인 상당수가 가까운 지인에 의한 자살나무 독살이라는 결론을 내렸다.

케르베라 오돌람이라는 학명 안에 있는 '케르베라Cerbera'라는 단어는 그리스 신화에 나오는 하데스의 사냥개이자 머리 셋, 뱀 꼬리가 달린 괴물 케르베로스Cerberus의 이름이 기원이다. 케르베로스는 지옥문을 지키며 죽은 자를 영원히 가두고 산 자가 들어가는 것을 막는 역할을 한다. 그러나 나무가 가진 자살 도구로서의 유용성 덕분에 케르베라 오돌람은 '자살나무'라고 통용되는 이름까지 얻었다.

"우리가 아는 한, 자살나무만큼 자살에 도움을 많이 준 식물은 세상 어디에도 존재하지 않는다." 이것이 바로 과학자들이 법의학 자료를 분석한 끝에 내놓은 결론이다.

🍃 **관련 식물** 🍃 케르베라속은 독성이 있는 협죽도의 사촌 격이다. 특히 호두야자Cerbera manghas 꽃은 플루메리아를 닮았다. 케르베라속의 나무들이 향기가 좋고 아름답지만 그래도 그 때문에 죽을 수 있다. 심지어 나무를 태울 때 나는 연기도 위험한 것으로 알려져 있다.

식충식물

식충식물은 열악한 상황을
최대한 활용한다.
서식지는 대개 영양이
부족한 습지와 늪이어서
이런 식물들은 다른
생물을 잡아먹는
식의 독창적인 영양
섭취법을 갖추고 있다.

통발 BLADDERWORTS　　　　　　　　　　　　　*Utricularia* spp.

습한 땅과 물에 사는 작은 식물이며, 촉수 섬모를 자극하면 물방울처럼 생긴
덫으로 물과 작은 곤충을 빨아들인다. 물방울 덫은 30분 안에 복원이 가능할
정도니 통발은 대단한 포식자라 할 수 있다. 모기 유충과 올챙이를 먹을 만큼
덩치가 큰 종류도 있다.

벌레잡이제비꽃 BUTTERWORT　　　　　　　　　*Pinguicula* spp.

제비꽃 모양의 앙증맞은 꽃 때문에 현혹되기 쉬우며, 잎에서 미끈한 액체를
발산해 초파리와 각다귀를 유혹해 죽인다. 잎에서 소화효소를 배출해 곤충의
몸을 분해하고 빈 껍데기만 남긴다. 이 식물 주변에 죽은 곤충 껍데기가 즐비

한 이유다.

파리지옥 VENUS FLYTRAPS

가장 유명한 식충식물이며 원예식물로도 잘 자란다. 평소에는 포충잎을 열고
달콤한 꿀을 분비해 곤충들을 유인한다. 파리가 멋도 모르고 들어오면 덫이
탁 닫히고, 잎 안쪽의 분비샘들이 소화액을 방출해 먹이를 그대로 익사시킨
다. 파리지옥이 제물을 삼키는 데는 일주일 이상이 걸리기에 평생 벌레 몇 마
리 먹는 게 고작일 수도 있다. 손가락으로 만져서 덫을 닫아보려는 행동은 식
충식물 애호가들이 보기엔 무례하니 조심하자.

벌레잡이풀 PITCHER PLANTS   *Nepenthes* spp., *Sarracenia* spp.

식충식물 중에서도 가장 화려한 생김새를 가진 벌레잡이풀은 키가 30센티미
터까지 자라며, 화려하고 매우 이색적인 꽃을 피운다. 미국인에게는 플루트
모양의 키가 크며 빨간색과 흰색의 패턴이 선명하게 드러나는 사라세니아과
의 식충식물이 익숙할지도 모른다. 벌레가 꿀에 이끌려 플루트 같은 통 모양
의 식물 내부로 들어오면 아래쪽에 담긴 소화액에 빠져 죽고 만다. 가정에서
키우기도 하는데, 통통하게 살이 오른 벌레잡이풀의 트럼펫 모양 잎을 길게
잘라보면 그 수액 무덤 안에 죽은 파리가 가득할 것이다.
대부분 네펜테스속의 식물을 벌레잡이풀로 분류하나 그 기능은 조금씩 다르
다. 보르네오 정글과 동남아시아의 벌레잡이풀들은 포도 덩굴 같은 줄기를
뻗어 올리며 덩굴에 매달린 컵 모양의 꽃이 먹잇감을 유혹한다. 소화액을 1리
터나 담는 종류도 있다. 네펜테스속은 개미와 같은 작은 벌레를 주로 먹지만
이따금 더 커다란 식사를 즐기기도 한다. 2006년에 프랑스의 리옹 식물원을
방문한 사람들은 온실 냄새가 역겹다며 불평했는데, 직원들이 조사해보니 커

다란 네펜데스 트룬카타Nepenthes truncata 식물 안에 소화시키다 남은 쥐가 한 마리 들어 있었다.

태생초 BIRTHWORTS

Aristolochia clematitis

태생초는 덩굴에 매달린 꽃이 담배 파이프를 닮아, '네덜란드인의 파이프'라고도 불린다. 그러나 그리스 사람들은 이 꽃이 생김새가 마치 산도産道에서 아기가 나오는 모습과 닮았다고 봤다. 당시에는 몸이 아프면 아픈 부위와 가장 비슷하게 생긴 식물을 찾아 약재로 사용하곤 했다. 그래서 난산으로 고생하는 여성들에게 이 태생초를 줬지만, 이 식물은 독성이 강하며 암을 유발하기도 한다. 당연히 도움은커녕 목숨만 잃을 때가 많았을 것이다.

태생초는 먹이를 잡아먹기 위해서라기보다는 곤충의 몸에 꽃가루를 충분히 묻히기 위해서 강한 향기와 끈적한 꽃으로 파리를 유혹한다. 그리고 끈적한 꽃의 털에서 벗어난 파리는 다른 식물로 옮겨가 가루받이를 하는 임무를 수행하게 된다.

담배
Tobacco
NICOTIANA TABACUM

잎의 독성이 매우 강하여 전 세계 9000만 명의 목숨을 앗아갔다. 그뿐만 아니라 피부접촉만으로도 사람을 죽일 수 있고, 강한 중독성으로 인해 북미 원주민들과의 전쟁에 불씨를 지폈으며 그 강력한 힘으로 미국 남부에

과:	가지과
서식지:	따뜻한 열대 및 아열대 지역, 겨울이 따뜻한 곳
원산지:	남미
이명:	페루사리풀haebane of Peru

노예제도까지 고착시켰다. 수익성도 좋은 탓에 무려 3000억 달러가 넘는 글로벌산업까지 창출해냈다.

이 기회주의적인 식물에는 니코틴이라는 알칼로이드가 들어 있어 벌레가 접근을 꺼린다. 이 식물의 관점에서 봤을 때 니코틴은 훨씬 더 쓸모가 있다. 중독성이 강해 인간들이 대량으로 기르기 시작한 것이다. 그래서 오늘날 담배는 전 세계 40만 제곱킬로미터를 정복하고 매년 500만 명의 생명을 앗아가는 위력으로 세계에서 가장 강력하고 치명적인 식물의 자리를 차지하고 있다. 적어도 13억 세계 인구가 매일 떨리는 손가락 사이에 이 식물을 끼우고 있다.

담배 재배는 기원전 5000년 아메리카 대륙에서 시작됐다. 2000년 전에 아메리카 원주민들이 잎담배를 즐겼다는 기록도 있으나, 유럽에 퍼진 것은 아메리카 대륙에 온 유럽인들이 그 모습을 본 이후부터였다. 그 후 100년도 채 되지 않아 담배는 인도, 일본, 아프리카, 중국, 유럽, 중동까지 퍼져나갔다. 버지니아에서는 잎은 물론, 담배풀의 품질을 보장하는 '담배 딱지'까지 법정화폐로 사용되기도 했다. 미국의 노예무역은 담배 수확에 더 많은 일손을 투입하기 위해 탄생한 것이라고 할 수 있다. 담배는 그냥 피우기 위해 사용된 것이 아니라 편두통 치료와 역병 예방, 심지어 감기와 암을 치료할 수 있다고 믿어서 애용됐다.

그러나 옛날이라고 모두가 흡연을 환영한 것은 아니었다. 1604년, 제임스 1세는 담배를 보고 역겹다면서 "담배가 뇌는 물론 폐에도 유해하다"라고 평했다. 물론 그의 논평은 당시에도, 400년이 지난 지금에도 적절했지만 그래도 담배 애호가는 점점 늘어나기만 했다.

니코틴은 신경독성이 강하기 때문에 살충제 성분으로도 사용한다. 잎을 직접 섭취하는 것보다 흡연이 해로운 이유는 담배가 타면서 니코틴의 상당량이 불에 의해 파괴되기 때문이다. 잎을 조금 씹거나 차로 만들어 마시면 곧바로 위장 장애, 발한, 호흡 곤란, 심한 무기력, 발작을 유발하며 심할 경우 목숨을 잃기도 한다. 또한 장기간의 피부접촉도 위험하다. 여름날, 젖은 담배밭에서 부대끼며 일하는 노동자들이라면 '담배 수확자병'이라는 이름의 직업병을 알 것이다.

담배속 식물의 무기가 니코틴만은 아니다. 담배나무Nicotiana glauca는 키가 7~8미터에 달하며 캘리포니아와 미국 남서부에 서식하는데, 또 다른 알칼로이드 독인 아나바신의 함유로 악명이 높다. 그 잎을 몇 장만 먹어도 마비를 일으키고 목숨을 잃을 수 있다. 몇 년 전, 텍사스 들판에서 한 남자가 죽었는데, 질량분석법으로 사인을 분석한 결과 혈관에서 담배나무 독이 발견됐다.

담배가 이렇게나 해로운데도 여전히 그 죽음의 행진은 계속되고 있다. 남녀노소를 불문하고 인류 모두에게 1000개비씩 안길 만큼 많은 담배가 양산되고 있으니 말이다. 그 밖의 형태로 코담배, 잎담배, 그리고 담배를 역시 습관성 식물인 빈랑과 결합한 전통적인 빈랑 담배가 있다. 알래스카 원주민들 사이에서 이크믹iqmik 담배가 인기 높은데, 자작나무에서 자라는 버섯을 태워 그 재와 담배를 섞어 만든다. 일부는 이크믹이 천연제품이라고 일반 담배보다 안전하다고 믿어서 임산부와 이제 갓 이가 나는 아이들까지 사용하곤 한다. 하지만 실제로는 니코틴 함량도 매우 높고 버섯의 재가 니코틴을 곧바로 두뇌에 전달해 주기에 공중보건 전문가들은 이크믹을 '마약 니코틴'이라고 부른다.

인도 여성들은 거품 코담배를 즐기는데, 치약처럼 튜브에 담아 팔며 담배뿐 아니라 정향, 스피아민트 등의 향신료도 섞어 만든다. 거품 코담배 제조업자들은 "우울한 기분이 들면 아침과 밤으로 담배 페이스트를 입속에 문지르고 맛과 향을 충분히 즐긴 후 씻어내보라"고 권한다. 한 중독자는 하루에 여덟 번에서 열 번까지 사용해본 적도 있다고 고백하기도 했다.

☙ 관련 식물 ❧ 이 악마의 풀은 가지속에 속한다. 더 독성이 강한 관련 식물로는 독말풀, 벨라돈나, 사리풀이 있다.

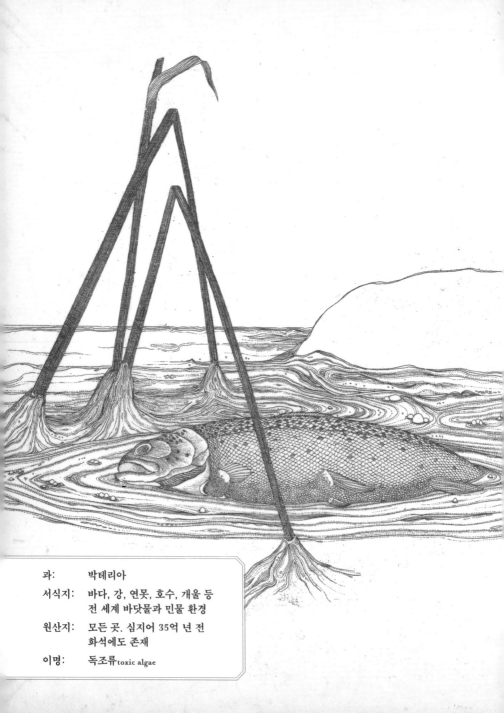

과:	박테리아
서식지:	바다, 강, 연못, 호수, 개울 등 전 세계 바닷물과 민물 환경
원산지:	모든 곳. 심지어 35억 년 전 화석에도 존재
이명:	독조류toxic algae

남조류
Toxic Blue-green Algae
CYANOBACTERIA

남조류는 식물이라기보다 정확히는 박테리아에 속하는데, 전 세계 인류와 동물들에게는 심각한 위협이 되고 있다. 시아노박테리아의 일종인 남조류는 갑자기 재생하거나 '꽃을 피워서' 물속에 독을 풀어낸다. 만일 사람이 그 물을 마시거나 여기에 오염된 물고기를 먹으면 발작, 구토, 발열, 마비 증세가 일어나 자칫 목숨을 잃을 수도 있다.

그런데 얌전하던 조류가 왜 갑자기 꽃을 피우고 독을 방출할까? 이 점에 대해서는 과학자들도 여전히 의견이 분분하다. 비료가 흘러들며 조류에게 양분을 공급할 수도 있다. 혹은 따뜻한 온도와 잔잔한 물결이 최적의 조건이 될 수도 있는데, 이는 조류로 인한 중독 사고가 여름의 따뜻한 날에 더 많이 일어나는 것만 봐도 알 수 있다.

연못, 호수, 강에 조류가 보이면 수영을 해서는 안 된다. 조류가 방출하는 간장독hepatoxins은 간장 장애를, 신경독은 마비를 일으키고 그 밖의 독성 물질도 알레르기 반응을 유발하여 장기를 해칠 수 있기 때문이다.

조류가 만들어내는 독성 중에는 도모이산이 있는데 주로 위장 장애, 현기증, 기억상실 증상을 일으킨다. 도모이산 중독은 사람이 특정 조류를 먹은 조개를 섭취했을 때 발생하며, 이런 증세를 기억상실성 패독(ASP)이라고 부른다. 치료법이 없기에 병원에서는 뭐든 증세를 완화할 만한 처방을 하며 환자가 회복되기만을 기다린다.

1988년, 브라질에서는 조류 꽃이 88명을 죽이고 수천 명을 고통에 빠뜨렸다. 2007년, 로스앤젤레스의 해양생물학자들은 독성 조류의 꽃 때문에 바다사자와 물개가 경련을 일으키며 해변으로 밀려온 것을 보고 깜짝 놀랐다. 호주에서도 사람들과 가축이 조류의 독에 당하기도 했다. 하지만 조류 독성에 의한 최악의 사고는 최근에서야 그 원인을 파악할 수 있었다. 1961년, 캘리포니아의 샌터크루즈 시민들은 새떼들이 집으로 날아와 부딪히는 소음에 놀라 잠에서 깨어났다. 사람들이 손전등을 들고 밖으로 나왔지만, 거리에는 죽은 새들만 즐비했다. 심지어 제정신이 아닌 바다 갈매기들이 손전등 불빛을 보고 달려들기도 했다.

이 이야기에 주목한 사람이 바로 앨프리드 히치콕 감독이었다. 영국의 여성 작가인 대프니 듀 모리에의 단편 『새The Birds』에 기초해 영화를 만들려던 참에 비슷한 실제 사건이 일어난 것이다. 히치콕은 곧바로 영화 제작에 들어갔다. 바다 갈매기들의 기괴한 행동이 독성 조류에 중독된 멸치를 먹고 발생했다는 사실을 과학자들이 알아내는 데 40년 이상이 걸렸다.

➣ 관련 식물 ➣ 조류의 종류는 수천 종에 이르는데, 대부분은 해양생물과 인간에게 유익하다. 가장 유명한 시아노박테리아는 스피룰리나Arthrospira platensis로, 건강 보조식품으로 인기가 높다.

식물의 폭발에서 살아남는 법

온순한 식물도 자극하면
위험할 정도로 씨앗을
빠르게 발사할 수 있다.
행여 그런 식물을
건드렸다면 얼른
피하라. 자칫하다간
눈을 다칠 수도 있다.
어쩌면 죽을지도 모른다.

샌드박스나무 SANDBOX TREE · *Hura crepitans*

서인도제도와 중앙아메리카, 남미에서 잘 자라는 열대식물이며, 키가 30미터까지 크고 거대한 타원형 잎과 뾰족한 가시가 달린 화려한 적색 꽃을 피운다. 수액은 부식성이 강해 물고기를 죽이거나 화살 독으로 쓰인다. 하지만 가장 무서운 부위는 열매인데, 다 익으면 뻥 하고 큰 소리로 터지면서 독을 품은 씨앗이 무려 30미터까지 날아간다. 그 때문에 '다이너마이트 나무'라는 별명을 얻었다.

유럽가시금작화 GORSE · *Ulex europaeus*

영국 황무지에 잘 자라는 유럽가시금작화는 노란 꽃에서 커스터드나 코코넛 같은 냄새를 가득 풍긴다. 유럽 원산이며 미국 일부 지역에 침투하기도 했다. 유럽가시금작화의 마른 가지는 불이 잘 붙으며, 불길로 인해 꼬투리가 터지고 뿌리도 활기를 되찾는다. 그래서 더운 날에 유럽가시금작화 근처에 머물면 꼬투리가 느닷없이 총성처럼 터지며 씨앗을 분출하므로 매우 위험하다.

스쿼팅 오이 SQUIRTING CUCUMBER　　　　　　　*Ecballium elaterium*

매우 기묘한 식물로, 오이나 호박, 박과 같은 과에 해당하는 식물이지만 먹을 생각은 하지 않는 것이 좋다. 과즙은 구토와 설사를 유발하고 살짝 건드리기만 해도 피부가 따끔거리기 때문이다. 열매는 5센티미터 정도이며 익으면 미끄덩한 과즙과 씨앗을 터뜨리며 5미터 이상 날려 보내는 것으로 유명하다.

고무나무 RUBBER TREE　　　　　　　*Hevea brasiliensis*

원산지는 아마존 정글이나, 무모한 영국 식물탐사자들로 인해 유럽까지 진출했다. 끈적이는 유액의 용도를 제대로 이해하지 못했음에도, 1800년대 화학자들은 이 물질로 연필 지우개와 옷의 방수 코팅을 하는 방법을 알아냈다. 또한 미국의 발명가, 굿이어의 실험 덕분에 고무로 타이어를 만들 수 있게 됐다. 야생 고무나무는 또 다른 특징을 가지고 있는데, 가을에 열매가 익으면 딱 소리를 내며 시안화물을 함유한 씨앗을 사방으로 뿌려댄다.

위치하젤 WITCH HAZEL　　　　　　　*Hamamelis virginiana*

북미산의 인기 식물로, 늦가을에 별 모양의 노란 꽃을 피운다. 껍질과 잎 추출물은 쏘인 상처나 멍을 치료하는 수렴제로 사용한다. 가지는 수맥탐지용 막대처럼 지하의 물과 영양분을 찾아낸다. 가을이면 도토리 모양의 갈색 포자낭이 바짝 말라 딱 하고 열리면서 10미터 멀리까지 씨앗을 날려보낸다.

난쟁이겨우살이 DWARF MISTLETOE   *Arceuthobium spp.*

크리스마스겨우살이와 관련된 동족 식물로, 북미와 유럽산 침엽수의 생명수
를 빨아 마시는 겨우살이다. 열매가 익으려면 1년 반 정도가 걸리는데, 다 익
고 나면 무려 시속 100킬로미터의 속도로 씨앗을 토해낸다. 그 속도가 어찌나
빠른지 눈에 보이지 않을 정도다.

독미나리
Water Hemlock
CICUTA SPP.

미국에서 가장 위험한 식물군에 속하
며 전국의 도랑, 늪, 초원에서 자란다.
납작한 우산 모양의 흰 꽃송이와 레이
스처럼 생긴 잎은 식용식물인 코리앤
더, 파스닙, 당근을 닮았다. 사실 독미
나리 중독 사고는 뿌리를 먹을 수 있는
부분이라고 착각하기 때문에 발생한
다. 게다가 안타깝게도 뿌리는 맛도 달
콤해서 몇 번이나 더 씹어보게 만든다.

과:	미나리과
서식지:	온대 기후의 강과 습지 주변
원산지:	북미
이명:	카우베인cowbane, 야생 당근wild carrot, 뱀꼬리snakeweed, 독 파스닙poison parsnip, 가짜 파슬리false parsley, 칠드런스 베인children's bane, 데스 오브 맨death-of-man

　독미나리가 함유한 독, 시쿠톡신이 얼마나 치명적인지 알고 싶다면
그냥 한두 입 깨무는 것으로 충분하다. 독은 중추신경계를 교란시켜 곧
바로 구역질, 구토, 발작 증세를 일으킨다. 가장 독성이 강한 곳이 뿌리
이며, 어린아이의 경우 조금만 깨물어도 생명을 잃을 수 있다.

　1990년대 초, 두 형제가 하이킹을 하다가 독미나리를 야생 산삼으로
오인하고 말았다. 한 명이 세 입 깨물고 몇 시간 후 사망했다. 한 입만 깨

문 다른 형제도 발작과 환각에 시달렸으나 병원 응급실에 이송된 후에 회복됐다. 1930년대에는 아이들이 텅 빈 줄기로 피리나 입으로 부는 다트를 만들어 놀다가 여러 명이 목숨을 잃었다. 아이들은 독미나리 뿌리를 당근으로 착각하고 몇 차례 깨물었다가 경련을 일으키기도 했다.

20세기 들어 미국 내에서 발생한 독미나리 중독 사고가 100건이 넘었지만, 전문가들은 피해자들이 사망하는 바람에 뭘 먹었는지 신고를 하지 못했으므로 실제로는 피해 건수가 더 많을 것으로 추측하고 있다.

독미나리는 반려동물과 가축에게도 위협이 된다. 다른 유독식물과 달리 향이 나쁘지 않아 동물들이 종종 독미나리 잎을 뜯어 먹으려 하기 때문이다. 특히 경운기가 다니며 다 익은 독미나리를 뿌리째 헤집어놓으면 배고픈 동물들은 쉽게 그 유혹에 넘어가고 만다. 독성은 빠르게 퍼지는 편이라 독미나리를 뜯어 먹은 동물이 사람들 눈에 띌 즈음에는 이미 죽거나 죽기 직전인 경우가 많다. 뿌리 하나면 그 독성으로 800킬로그램의 소까지 쓰러뜨린다.

독미나리는 2미터 이상 자라며 줄기에 보랏빛 반점이 있다. 통통한 뿌리는 상당량의 독을 만들어내는데, 뿌리를 자르면 진득한 황색 독액이 배어 나온다. 가장 널리 알려진 독미나리종이 바로 시쿠타 마쿨라타 Cicuta maculata다.

미국 서부와 캐나다의 초원과 늪지에 자라는 독미나리로는 시쿠타 도글라시Cicuta douglasii가 번성하며, 줄기가 특히 두껍고 꽃은 크고 튼튼해 이따금 꽃이꽃으로 쓰인다. 그러나 이 식물을 꽃꽃이로 쓰려는 생각은 아주 위험한 발상이 아닐 수 없다. 독액이 조금만 손에 닿아도 혈관에 흡수되기 때문이다.

∻ 관련 식물 ≽ 소크라테스를 죽인 독당근인 코니움 마쿠라툼Conium maculatum도 같은 미나리과에 속하며 그밖에 파슬리, 당근, 파스닙, 딜 등이 여기에 포함된다.

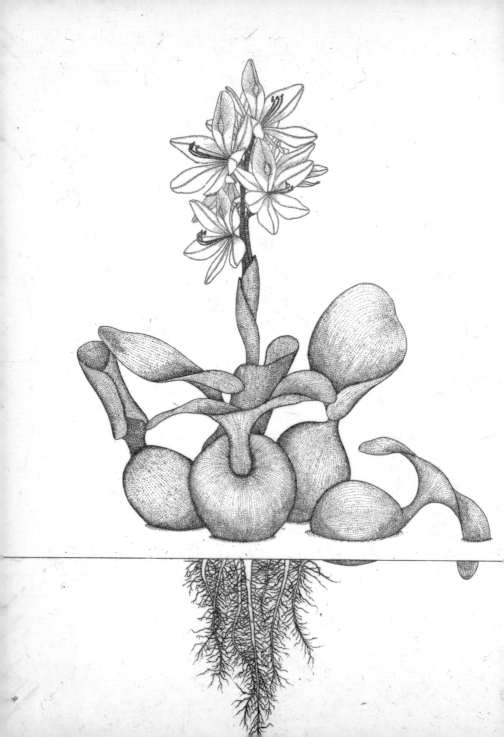

부레옥잠
Water Hyacinth
EICHHORNIA CRASSIPES

이 남미 원산의 식물은 알아보기 쉬운 특징을 갖고 있다. 부레옥잠은 물속에서 1미터까지 자라고, 자주색의 현란한 꽃을 피우는데 여섯 개의 꽃잎 중 하나에만 노란 점이 박혀 있다. 아름다운 수생식물이기는 하나 그동안 저지른 범죄가 너무나도 극악하여, 할 수만

과:	물옥잠과
서식지:	열대 및 아열대 지역의 호수와 강
원산지:	남미
이명:	물에 뜨는 히아신스floating water hyacinth, 물 히아신스jacinthe d'eau, jacinto de aqua

있다면 교도소에 영원히 처넣어야 할 판이다.

부레옥잠은 물 위에 상선도 뚫고 지나지 못할 지경으로 두툼하고 쭉쭉 뻗어 나가는 깔개를 깔아둔다. 이 깔개는 부레옥잠으로 된 섬이기도 하지만 반수생식물과 풀이 싹을 틔우는 데 아주 이상적인 환경이 되기도 한다. 게다가 부레옥잠은 끔찍할 정도로 번식력이 강해 2주마다 그 수가 두 배로 늘어난다. 고향인 아마존에서는 천적 때문에 기를 펴지 못했으나 아시아, 호주, 미국, 아프리카 등지에서는 거칠 것이 없다. 기네스북에도 세계 최악의 수생 잡초로 이름을 올릴 정도이니 말이다.

부레옥잠의 범죄 행각은 다음과 같다.

수로 틀어막기 : 순식간에 호수, 연못, 강을 장악해 유속을 느리게 만들고 산소를 독점해 토종식물들을 질식시킨다.

발전소 훼방 놓기 : 부레옥잠이 창궐하면 수력발전소나 댐의 가동을 막아 수천 가구의 정전 사태를 일으킬 수 있다.

지역 주민 굶주리게 하기 : 부레옥잠으로 인해 아프리카 일부 지역의 어획량이 절반으로 줄었다. 그뿐만 아니라 이 수상 강도 식물들이 물길을 막는 바람에 파푸아뉴기니 사람들은 고기잡이는커녕 농장이나 시장에 가지도 못했다.

물 도둑질하기 : 탐욕스러운 부레옥잠의 무시무시한 물 흡수력으로 인해 아프리카 일부 지역에서는 깨끗한 식수마저 부족해졌다.

양분 도둑질하기 : 부레옥잠은 중금속 등 오염물질을 흡수하는 데도 효과적이지만 다만 식성이 좋아 작은 수생생물들 입장에서는 양분이 늘 부족할 수밖에 없다. 부레옥잠이 질소, 인 등 식물의 주요 양분을 독식하고 나면 다른 생물의 먹이는 하나도 남지 않는다.

해충 키우기 : 부레옥잠밭은 모기 부화장으로 변하여 말라리아와 웨스트나일 바이러스를 전파하는 매개가 된다. 또한 물달팽이에게 먹

이와 은신처를 제공하는데, 물달팽이는 기생충들이 특별히 좋아하는 숙주다. 기생충은 이 숙주의 몸에서 빠져나와 돌아다니다가 인간을 발견하면 감염시킨다. 이 질병은 특히 개발도상국에 만연하고 있으며, 주혈흡충병 또는 스네일 피버라고 불린다. 작은 벌레들이 자유롭게 체내를 돌아다니다 뇌, 척주 주변 등 아무 곳에 알을 낳는데 전세계 1억 명 정도가 감염된 상태다.

바다 천적에게 엄폐물 제공하기 : 부레옥잠은 바다뱀과 악어에게도 아주 유용한 은신처가 되기에 보트를 몰거나 해수욕을 즐기는 관광객이 불시에 공격을 당할 수 있다.

과학자들은 부레옥잠을 먹을 수 있는 곤충을 도입해 제거 가능성을 알아보고 있지만, 자칫 또 다른 생태계 파괴범을 만들어내는 것이 아닐까 우려하고 있다. 그저 우리는 절대 부레옥잠 근처에 다가가지 않도록 주의해야 한다.

➤ **관련 식물** ✦ **부레옥잠은 일곱 종류가 있으며 대부분 침입성이다.**

사회적 부적응자들

어떤 식물들의 행동은 역겹기도 하고 혹은 당혹스러울 만큼 끔찍하다.
예를 들어, 식물 중에도 방화범이 있다. 이들은 불을 무기 삼아
경쟁자들을 말살하고 후손이 살 공간을 확보한다. 씨앗을 발아하기 위해
아주 뜨거운 불길을 이용하는 식물도 있다. 가뭄이 심한 지역에서는 아예
가연소성 식물을 목록으로 정리해 주의를 기울이도록 권하고 있다.
식물계의 어떤 악당들은 악취를 풍기고 침을
흘리는 데다 심지어 출혈까지 한다. 이런
추잡한 식물들이라면 여러분의
가든파티에는 초대할
필요가 없다.

⋙ 방화를 벌이는 식물 ⋘

백선 GAS PLANT OR BURNING BUSH *Dictamnus albus*

유럽 전역, 아프리카 일부 지역에 서식하는 다년생 꽃나무다. 더운 여름날 밤에 백선은 휘발성 기름을 분비하므로 근처에서 성냥이라도 켜면 금세 불이 붙는다.

유칼립투스 EUCALYPTUS TREES *Eucalyptus* spp.

호주가 원산이나 캘리포니아로 귀화한 식물이다. 과거에 오클랜드 대화재로 25명이 죽고 가옥 수천 채가 불에 탔는데, 이 불이 번지게 하는 데 유칼립투스의 휘발성 수액이 일조했다.

팜파스풀 PAMPAS GRASS *Cortaderia selloana*

남미 원산의 팜파스풀은 미국 서부에서는 침입성 식물로 눈총을 받고 있다. 덤불 하나가 3미터 높이까지 자라며, 건조하고 잘 부서지는 생물 연료를 만들어내서 산불을 일으키는 불쏘시개 역할을 한다.

차미스 CHAMISE *Adenostoma fasciculatum*

꽃이 피는 관목으로, 이 식물에서 나오는 수지는 가연성이다. 차미스는 산불로 금방 되살아나는데, 까맣게 탄 땅에서 제일 먼저 싹을 틔운다.

➣ 악취가 나는 식물 ⇐

시체꽃 CORPSE FLOWER OR TITAN ARUM *Amorphophallus titanium*

시체꽃은 커다란 적색의 칼라 릴리처럼 생겼다. 몇 년씩 꽃을 피우지 않으나, 한 번 개화하면 꽃대 하나가 3미터를 넘고 무게도 50킬로그램에 달한다. 식물원에서 시체꽃이 피면 관람객들이 줄을 잇지만 온실에 들어갈 때는 각오를 단단히 해야 한다. 식물에서 나는 악취가 보통이 아니기 때문이다.

라플레시아 RAFFLESIA *Rafflesia arnoldii*

꽃 한 송이의 지름이 무려 10미터로, 세상에서 가장 큰 꽃으로 유명하다.(반면에 시체꽃은 줄기 하나에 작은 꽃들이 송이로 매달리기에 라플레시아와는 비교 자체가 안 된다.) 이 오렌지색의 땅딸한 점박이 기생식물은 식물학자를 매료시킬 만한 존재일 수밖에 없다. 개화기가 불과 며칠에 불과하지만 그 기간에 꽃에서는 고기 썩는 냄새가 진동하여, 고향인 인도네시아 밀림에서도 죽은 동물들을 먹고 사는 파리 떼를 불러들인다.

흰꽃그레빌레아 WHITE PLUMED GREVILLEA *Grevillea leucopteris*

호주 원산의 프로테아과 식물이며, 아름다운 황백색 꽃을 피운다. 꽃의 향기가 마치 오랫동안 묵힌 양말을 떠올릴 정도의 악취여서 사람들이 가까이 가지 않는다.

산호붓꽃 STINKING IRIS *Iris foetidissima*

영국 삼림지대에 자라나는 아름다운 아이리스지만, 보라색과 흰색 꽃에서 로스트비프 냄새가 난다. 일부 원예가들은 그 향기가 오히려 고무 타는 냄새나

마늘, 아니면 썩은 고기 악취와 가깝다고 평하기도 한다.

구린내헬레보어 STINKING HELLEBORE · *Helleborus foetidus*

연초록색 꽃과 어두운 색의 화려한 잎이 아름다워 영국에서 인기가 높다. 다만 잎을 으깨면 역겹고 끔찍하다고밖에 형용할 수 없는 악취가 난다.

앉은부채 SKUNK CABBAGE · *Symplocarpus foetidus*

북미 동부 전역의 습지와 몇몇 아시아 국가에서 서식한다. 열기를 내뿜어 꽁꽁 언 겨울 땅을 뚫고 나와 주변에 쌓인 눈을 녹이고 꽃을 피운다. 다른 봄꽃들보다 먼저 곤충을 불러들이려는 것이다. 하지만 앉은부채 잎을 으깨면 스컹크 방귀와 비슷한 악취가 난다.

부두백합 VOODOO LILY · *Dracunculus vulgaris*

꽃에서 고기 썩는 냄새가 나지만 원예가들한테는 인기가 높다. 매년 봄에 꽃을 피우는데 진보라색 칼라 릴리를 닮았다. 키가 3미터도 넘게 자랄 정도여서 화단에서도 확연히 눈에 띄는 식물인데, 다행히도 악취는 꽃이 만개한 며칠만 풍긴다.

붉은연령초 STINKING BENJAMIN · *Trillium erectum*

붉은색 혹은 보라색의 연령초는 북미 동부의 습한 삼림에서 잘 자란다. 악취는 그리 심하지 않아 식물학자들도 사향이나 젖은 개에서 나는 냄새 정도로 가볍게 치부한다.

⋙ 혐오스러운 식물 ⋘

자보란디 SLOBBER WEED
Pilocarpus pennatifolius

1898년에 발간된 보태니컬 의과대학 킹 교수의 『미국 약전』을 보면 자보란디가 인간의 침샘에 어떤 영향을 미치는지 다음과 같이 기록돼 있다. "침이 너무 많이 분비되는 바람에 말을 하기가 힘들 정도다. 따라서 몸을 기울여 침이 쉽게 흘러내리도록 하는 편이 좋다. 침샘이 활발하게 활동하는 동안 1~2리터 정도의 침을 분비한다."

그렇다고 이를 신기한 현상 정도로 치부하지는 말자. 침이 멈추고 나면 구역질, 현기증 등 불쾌한 증세가 몇 시간씩 이어진다. 그밖에 침을 흘리게 만드는 식물에는 붉은 침을 흘리게 만드는 빈랑자, 불쾌하고 심지어 치명적이기까지 한 부작용을 일으키는 칼라바르콩과 연필선인장이 있다.

크로톤 레치레리 SANGRE DE GRAGO
Croton lechleri

대극과 관목이며 진득한 피 같은 적색 수액이 나온다. 이 '피'는 아마존 부족들이 지혈과 다른 치료 목적을 위해 주로 사용한다.

자단紫檀나무 PREROCARPUS TREE
Pterocarpus erinaceus

자단나무는 암적색 수액을 염료로 이용한다. 나무는 고급 목재로 사용되며, 잎은 소와 같은 가축에게 좋은 사료가 된다. 또한 의약적으로도 효과가 있다.

드라코 DRACO
Daemonorops draco

동남아시아에서 자라는 드라코의 적갈색 수액은 작은 고체 덩어리로 가공하며 파는데 이를 '적암 아편red rock opium'이라 부른다. 미국 중독관리센터와 사법기관에서도 1990년대 후반 이 물질의 노상 거래로 인한 위험에 대해 주목했지만 실험 결과, 환각이나 아편 성분은 포함돼 있지 않았다.

휘파람가시나무
Whistling Thorn Acacia
ACACIA DREPANOLOBIUM

수백 종의 아카시아 중에서도 가장 악 랄한 이 동아프리카 원산의 땅딸막한 나무는 무려 10센티미터 정도의 가시 로 구경꾼의 접근을 막는다. 이 나무는 또한 공격적인 독개미들의 숙주이기 도 하다.

과:	콩과
서식지:	건조한 열대지방, 케냐
원산지:	아프리카
이명:	휘파람나무whisting thorn

  이 나무에 주로 서식하는 개미는 네 가지 종으로, 같은 나무를 차지하 게 되면 서로 전쟁을 벌인다. 개미들은 통통한 가시 부분을 씹어 거기에 구멍을 내고 들어가 살기 때문에, 바람이 불면 이 작은 구멍이 기이한 휘파람 소리를 만들어낸다.

  휘파람가시나무에 사는 개미들은 사납고 조직적이어서 작은 민병대 까지 꾸려 나뭇가지를 타고 순찰하며 천적을 감시한다. 개미들은 자신 들의 집을 파괴하려 든다면 기린을 비롯해 어떤 초식동물이든 일제히 달려들어 응징한다. 그뿐만 아니라 선택적으로 나뭇가지를 잘라 정착 지 인근에 새로운 나무가 자라게 하기도 하는데, 이는 나무의 수액을 즐기기 위해서다. 개미들은 휘파람가시나무를 타고 올라가는 덩굴이나 다른 침입성 식물들의 밑동을 씹어 끊어놓기도 한다. 행여 다른 경쟁 개미 집단이 장악한 나무가 가까이 가지를 뻗어오면 침입을 막기 위해 개미들은 자기 영역의 나무줄기 일부를 끊어 가교 구실을 하지 못하게 만든다.

혹시라도 개미들은 부족 전쟁이 벌어지면 서로 목숨을 걸고 싸운다. 연구자들이 이웃한 나무들의 가지를 묶어 개미들의 싸움을 유도한 적이 있는데, 다음 날 아침에 보니 개미 사체가 무려 1센티미터 이상 쌓여 있었다.

➣ 관련 식물 ➢　아카시아 베르티킬라타Acacia verticillata를 포함한 일부 아카시아종은 화학물질을 분비해 개미 특유의 사체 운반 행동을 자극한다. 이 작은 좀비 개미들은 마치 아카시아 씨앗을 동료의 시체라도 되는 것처럼 운반하기 때문에 아카시아는 서식 영역을 넓혀 자손 번식을 꾀할 수 있다. 아카시아에는 대개 가시가 달려 있는데, 예를 들어 고양이발톱아카시아Acacia greggii는 가시가 등산객을 붙잡고 못 가게 하여 '멈춤 나무wait-a-minute bush'라고도 불린다.

저녁 식사 자리에는 누가 올까?

식물들이 항상 독과 가시로 무장하는
것은 아니다. 어떤 식물들은 곤충의
도움을 받기도 한다. 다시 말해,
겉으로 보기에 아무 위험이 없어
보이는 식물들도 독개미, 말벌 등
공격적인 곤충들에게 먹을 것과 살
곳을 제공하고 대신 필요한 도움을
얻는 것이다.

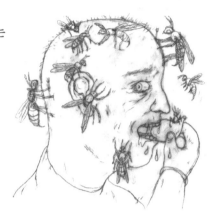

밸리오크 VALLEY OAK　　　　　　　　　　　　　　　　　*Quercus lobata*

상당수의 오크나무종이 말벌의 보금자리인데, 특히 캘리포니아의 밸리오크
는 말벌에게 아낌없이 주는 나무로 매우 유명하다. 우선 말벌 한 마리가 오크
나무 잎에 알을 낳으면 나무의 세포는 놀라운 속도로 증가하여 '벌레혹'이라
는 일종의 보호용 고치를 만들어낸다. 알이 부화하여 유충이 되면 벌레혹은
야구공 크기로 커져서 유충의 집 역할을 하며 영양분까지 제공한다. 그리고
곧 유충이 말벌이 되면 이 벌레혹에서 빠져나온다.

어느 말벌 종류는 밸리오크에 매달린 벌레혹을 나무에서 떨어져 나오게 한
다. 이때 말벌이 안에서 빠져나오려고 하는 바람에 벌레혹이 며칠씩 사방을
뛰어다니기도 하는데, 그래서 이를 '뛰어다니는 오크 벌레혹'이라고 부른다.

무화과 FIGS

Ficus spp.

무화과와 말벌의 관계는 식물 왕국에서도 지극히 복잡미묘한 경우에 속한다. 사실 무화과는 열매를 맺지 않는다. 사람들이 먹는 통통하고 달콤한 그 과실은 사실 줄기 일부가 팽창한 것에 가까운데, 그 안에는 꽃의 남은 일부가 들어 있고 한끝에는 작은 입구도 뚫려 있다. 무화과 말벌은 개미처럼 작아 이 과일 같은 구조물 안에서 번식한다. 일단 수태를 하면 임신한 암컷은 무화과 속으로 파고들어 알을 낳는데 그 과정에서 가루받이가 이루어진다. 암컷은 임무를 다한 후, 무화과 안에서 생을 마친다. 태어난 유충은 무화과를 먹으며 성장하며 성충이 되면 서로 짝짓기를 한다. 수벌은 무화과를 씹어 구멍을 내어 암벌이 빠져나가게 도와주는데, 이 삶의 유일한 목표를 수행하고 나면 곧 죽어버린다. 말벌이 떠난 후, 무화과 '열매'는 계속 익어 새와 인간의 먹거리가 된다.

그럼 무화과를 먹으면 말벌 사체도 함께 먹게 되는 걸까? 사실 판매용 무화과 종은 가루받이가 필요하지 않으며 다른 종들 역시 말벌이 수분을 돕기는 해도 속에 알을 품지는 않는다.

멕시칸 점핑빈 MAXICAN JUMPING BEANS

Sebastiana pavoniana

점핑빈은 멕시코 원산의 관목 씨앗이다. 작은 갈색 나방이 꼬투리에 알을 낳으면 유충이 태어나 그 꼬투리를 뚫고 들어가 자라면서 실을 자아내 구멍을 막는다. 그런데 유충이 온기에 민감한 터라 씨를 손에 쥐면 몸을 비틀기 시작한다. 몇 개월 후, 유충은 고치를 뚫고 나방이 돼서 밖으로 나오지만 며칠 만에 생을 다하고 만다.

개미식물 ANT PLANT   *Hydnophytum formicarum*

개미식물은 다른 식물 표면에 기생하여 자라는 착생식물이며 동남아시아 원
산이다. 개미식물의 기저 부분은 부풀어 있어서 넓은 공간을 이루는데 이는
개미들에게 최적의 은신처가 된다. 개미들은 이곳에 다가구 주택을 지어 여
왕개미에게는 따로 독립된 공간을 제공하고, 새끼들을 키울 양육 장소, 음식
을 저장할 창고까지 확보한다. 이렇게 집을 제공하는 대가로 개미식물은 개
미가 남긴 부산물을 영양분으로 삼는다.

라탄 RATTAN   *Daemonorops* spp.

라탄은 열대우림에서 자라는 종려나무로, 길고 튼튼한 줄기는 케인 웨빙cane
webbing 가구와 고리버들 가구 제작에 인기가 높다. 나무 하나가 약 150미터
까지 자라며 이따금 다른 나무에 기대기도 한다. 개미들은 라탄의 기저부에
자리를 잡는데, 공격을 받는다고 느끼면 일제히 나무에 머리를 부딪혀서 나
무 전체를 덜덜 떨리게 한다. 이 공격 신호가 떨어지면 개미들은 보금자리를
지키기 위해 일제히 목숨을 걸고 라탄 채집자들에게 달려든다.

서양등골나물
White Snakeroot

EUPATORIUM RUGOSUM
(SYN. AGERATINA ALTISSIMA)

개척 시대에는 우유, 버터, 고기 등의 음식물이 치명적인 식물 때문에 오염될 수 있기에 생활이 매우 험난했다. 미국의 초기 농장 생활에서 우유병 Milk sickness은 제일 큰 위협이었다. 수많은 사람이 무기력증, 구토, 떨림, 정신착

과:	국화과
서식지:	삼림지대, 잡목숲, 초원, 목초지
원산지:	북미
이명:	사근초 white sanicle

란의 증세로 고생하다 결국 목숨을 잃었기 때문이다. 가축들도 같은 증세로 고통을 겪었다. 말과 암소들이 비틀거리며 돌아다니다 숨을 거둬도 농부들은 소가 뜯어 먹은 풀이 범인이라는 생각은 하지도 못한 채 그 옆에서 무기력하게 서 있기만 했다. 그 병이 얼마나 유명했던지, 질병이 창궐한 남부지방에는 우유병 산마루 Milk Sick Ridge, 우유병 골짜기 Milk Sick Cove, 우유병 분지 Milk Sick Holler라는 지명이 여전히 남아 있다.

우유병으로 사망한 가장 유명한 희생자는 에이브러햄 링컨의 모친인 낸시 행크스 링컨이다. 그녀는 일주일 동안 병마와 싸우다 결국 유명을 달리했다. 인디애나의 작은 마을, 리틀 피전 크리크에 사는 그녀의

친척들 몇 명도 그렇게 세상을 떴다. 낸시는 1818년에 겨우 서른넷의 나이로 세상을 떠났고, 당시 슬하에는 아홉 살짜리 에이브러햄 링컨과 동생인 세라가 있었다. 부친이 직접 관을 짜고 어린 에이브러햄은 아버지를 도와 관에 박을 쐐기를 깎아야 했다.

19세기 의사들과 농부들은 이 질병의 원인이 서양등골나물임을 알았으나, 당시는 소식의 전파가 느릴 수밖에 없었다. 일리노이의 애나 빅스비라는 의사는 이 병이 계절을 타고 여름날 돋아나는 특정 식물과 관계가 있겠다는 추측을 했다. 안나는 들판을 다니다가 서양등골나물을 찾아내 소에게 먹여보고 마침내 이 병의 원인을 알아냈다. 이후 그녀는 지역에서 서양등골나물 박멸 운동을 벌였으며, 1834년경 그 지역에서는 우유병이 거의 발병하지 않았다. 그러나 안타깝게도 아무도 이 여성 의사의 주장에 귀를 기울이지 않았기 때문에 당국에 이 사실을 알리려는 시도는 벽에 부딪히고 말았다.

일리노이의 매디슨 카운티에 사는 농부, 윌리엄 제리 역시 이 질병 원인을 일찍이 발견한 인물이다. 1867년, 그는 소가 서양등골나물을 뜯어 먹고 병에 걸렸다는 사실을 알았으나 그 풀이 원인이라는 사실이 널리 알려진 것은 1920년이 돼서였다. 그리고 마침내 농부들도 병을 막기 위해 울타리 안에 소를 가두고 초원에 돋아난 서양등골나물을 제거했다.

서양등골나물은 1.2미터까지 자라며 야생 당근의 것과 비슷한 작고 하얀 꽃송이를 피운다. 지금도 북미 동부의 숲과 남부 전역에서 볼 수 있다. 이 식물 특유의 독성인 트레메톨은 풀을 말린 후에도 여전히 활발하여, 소에게는 목초만큼이나 건초를 먹이는 것도 큰 위협이 될 수 있다.

☙ 관련 식물 ☙ 나비 정원에서 인기가 많은 향등골나물인 유파토리움 푸르
푸레움Eupatorium purpureum과 등골나물이자 '뼈를 붙이는 풀boneset'로 알려진
유파토리움 페르폴리아툼Eupatorium perfoliatum은 한때 설사약과 발열 및 감기
치료제로 사용됐으며, 둘 다 서양등골나물과 관련이 있는 식물이다.

나를 밟지 마세요

동물이나 여행자의 몸에 몰래 편승
하는 식으로 이동하는 식물이
있다. 이들은 식물 왕국에
서도 가장 공격적인 종류에
속한다. 실제로 어떤 식물은
사람의 맨 발목에 이빨을 박거
나 골든 리트리버의 꼬리를 잡
아채기도 한다. 이런 낚싯바늘
같은 미늘은 빼내려 할수록 더
깊이 파고든다.

점프선인장 JUMPING CHOLLA	*Cylindropuntia fulgida*
테이베어선인장 TEDDY BEAR CHOLLA	*Cylindropuntia bigelovii*

미국 남서부 원산의 선인장들이다. 여행객들은 선인장이 손을 뻗어 구두와
바짓단을 붙잡는 것 같다고 투덜대지만, 사실은 가시가 워낙 튼튼해 살짝만
건드려도 선인장의 몸통 한 조각이 부러져 나갈 정도다. 잡아당겨봐야 손에
달라붙을 뿐이다. 그래서 노련한 여행자들은 빗을 지참해 재빨리 빗어내
피해간다.

악마의 발톱
GRAPPLE PLANT OR DEVIL'S CLAW   *Harpagophytum procumbens*

남아프리카의 튼튼한 다년생 덩굴식물이다. 미늘이 달린 꼬투리가 주변으로
뻗어 나와 있는데, 꼬투리의 가시가 발톱을 닮아 악마의 발톱이라는 이름을
얻었다. 나팔꽃을 닮은 아름다운 분홍색 꽃을 피우지만, 이 식물의 커다란 씨
앗은 통증을 유발해 농부나 목장 주인들의 가축 방목을 어렵게 한다. 그래도
병 주고 약 주는 식물이라고 할 수 있다. 뿌리 추출물이 통증과 염증을 치료하
는 대체 치료제로 유명하기 때문이다.

유니콘 플랜트
UNICORN PALNT   *Proboscidea louisianica, Proboscidea altheaefolia*

미국 남부와 서부 원산의 식물로, 땅바닥을 기어서 자라며 호박 덩굴을 닮았
다. 트럼펫 모양의 화려한 분홍색이나 노란색 꽃을 피우며, 꼬투리는 갈고리
처럼 길게 굽어 구두나 말굽에 쉽게 달라붙는다. 씨앗은 작고 날카로운 미늘
로 덮여 있어서 종종 악마의 발톱, 악마의 뿔, 양의 뿔이라고 불리기도 한다.

쥐덫나무 MOUSE TRAP TREE   *Uncarina grandidieri*

마다가스카르산의 작은 나무이며, 열대 식물 애호가들에게 인기가 높아 미국
전역의 식물원에서도 찾아볼 수 있다. 7센티미터 크기의 화려한 노란색 꽃을
피우고, 꽃이 진 후에는 가시로 덮인 녹색 열매가 열리는데 이 가시 끝에는 작
은 고리가 달려 있다. 열매가 마르고 나서 남는 꼬투리는 위험한 무기로 변한
다. 정말로 쥐를 잡을 것처럼 생기기도 했지만, 실제 경험담에 의하면 몸에 걸

린 꼬투리를 제거할 때 마치 중국식 손가락 올가미 장난감*에 낀 기분이 든다
고 한다.

보리풀 FOXTAIL   *Hordeum murinum*

야생 보리의 일종으로 기다란 미늘 이삭이 여름에 개털에 박히곤 한다. 이와
비슷한 모양새의 이삭이 달리는 풀은 얼마든지 있다. 예를 들어, 긴까락빕새
귀리Bromus diandrus는 얼마나 억센지 동물의 위장 내벽을 뚫고 실제로 목숨
을 앗을 수도 있다.
보리풀의 작은 미늘은 살갗에 박히면 육안으로 보고 제거할 수도 없다. 꼬투
리 외피에는 박테리아가 있어 미늘이 살갗을 뚫고 들어가 체내를 활보할 수
있게 도와준다. 특히 개가 이 식물에 가장 취약해서, 수의사들은 개의 뇌나
폐, 척수에서 보리풀의 미늘을 찾아내기도 한다.

도꼬마리 COCKLEBUR   *Xanthium strumarium*

국화과의 여름 잡초인데, 북미 원산이나 지금은 세계 어디에서나 볼 수 있다.
도꼬마리의 작은 꼬투리는 가시로 덮여 있는데, 꼬투리 제거는 어렵지 않으
나 방목하는 양의 털을 망치는 것으로 유명하다. 씨앗에는 독성이 있어서 사
람들이 씨를 씹어 먹을 생각은 하지 않겠지만 가축이라면 생명을 앗아갈 수
있다.

---

* Chinese finger trap, 실린더처럼 생긴 대나무 장난감으로, 양쪽 끝에 손가락을 넣고
빼내려고 할수록 좁아지는 입구 때문에 손가락이 꽉 죈다.

우엉 BURDOCK   *Arctium lappa, Arctium minus*, others

엉겅퀴 모양의 가시가 옷이나 털에 달라붙는다. 잎과 줄기는 피부 발진을 유발하며, 가시는 다른 잘 달라붙는 식물들처럼 낚싯바늘 모양이지만 상대적으로 제거하기는 쉽다. 스위스의 발명가 조르주 드 메스트랄은 산책 후 반려견의 털에서 우엉 가시를 발견하고 그 특별한 구조에 착안해 벨크로를 발명하기도 했다.

미국가시풀
SAND BURR AND GRASS BURR   *Cenchrus echinatus, Cenchrus incertus*

미국가시풀은 벼과의 침입성 귀화식물이며 미국 남부 전역에서 자란다. 잔디에 숨어 작고 날카로운 가시로 풀밭에서 맨발로 뛰어노는 소풍객과 아이들을 괴롭힌다. 척박한 모래땅에서도 잘 자란다. 가축의 눈과 입술을 공격하는 동시에 전염성 종기와 염증을 유발한다. 관리는 어렵지만, 미국 남부 지역 사람들 일부는 미국가시풀, 포도 주스, 설탕, 샴페인 효모를 가지고 미국가시풀 와인을 만드는 식으로 대처하고 있다.

주목
Yew
TACUS BACCATA

1240년, 영국 프란체스코회 학자 바르톨로메우스 앙글리쿠스는 자신이 저술한 백과사전 『사물의 고유성에 관하여』에서 주목을 '독을 품은 나무'라고 설명했다. 그래서 이 맹독성 나무가 영국에서 묘지목으로 알려진 것도 어쩌

과:	주목과
서식지:	온대 지방의 숲
원산지:	유럽, 북서아프리카, 중동, 아시아 일부
이명:	커먼 유Common yew, 서양주목European yew, English yew

면 당연할지도 모른다. 하지만 '주목yew'이라는 이름이 붙은 이유는 독으로 사람들을 요절하게 만드는 능력 때문이 아니라, 로마 침략군들이 이교도 주민들의 관심을 끌기 위해 주목 아래에서 예배를 보기 시작해서였다. 오늘날 영국 교외의 교회 근처에 늙은 주목이 많은 까닭이다.

영국 시인 앨프리드 테니슨도 묘지에서 주목을 보고 이렇게 썼다. "그대의 잔뿌리가 꿈 잃은 머리를 덮고, 굵은 뿌리로 유골을 감싸주는구나." 실제로 1990년 영국 셀본 마을에서는 강풍에 교회 주목이 넘어지면서 오래전 죽은 유골이 나무뿌리에 매달려 흙 속에서 드러나기도 했다.

주목은 성장이 느린 상록수이며, 200~300년 정도 살지만 정작 그 나이를 짐작하기는 쉽지 않다. 나무가 단단해 나이테가 잘 드러나지 않기 때문이다. 바늘처럼 가는 잎과 붉은 열매는 조경수로 매력적이며, 키가 20미터를 훌쩍 넘게 자라기도 한다. 영국에서는 주목을 전지해 생울타리로 만드는데, 햄튼 궁전의 전설적인 생울타리 미로의 나이는 무려 300년이며 거의 주목으로 이루어져 있다.

주목은 전체적으로 독성이 있지만, 붉은 과실(가종피)은 이에 해당하지 않지만 그래도 과육 속 씨에는 독이 들어 있다. 가종피 자체에서 살짝 단맛이 나기에 아이들이 쉽게 먹고 싶은 유혹에 넘어간다. 그러나 씨나 잎을 조금 먹어도 소화기 이상, 급격한 맥박 저하, 심부전증을 겪을 수 있다. 어느 의학 자료에 보면, 주목 열매를 섭취한 피해자 상당수가 겪고 있던 증상에 대해 제대로 설명을 하지 못했다는 설명이 나오는데, 그 이유는 죽은 채 발견됐기 때문이다. 주목은 반려동물과 가축에게도 심각한 위험 요소가 된다. 수의학 논문에도 '주목 중독의 첫 증세는 급사'라고 나올 정도이니 말이다.

카이사르의 『갈리아 전기』를 보면, 치욕스러운 패배를 겪지 않기 위해 주목으로 자살을 기도했다는 서술이 나온다. 고대 벨기에 지역의 카투볼쿠스라는 부족장은 '늙기도 하고⋯⋯ 전쟁도, 도피도 이젠 지칠 대로 지쳐⋯⋯ 주목 수액으로 자결했다'라는 내용이 바로 그것이다. 로마의 저술가 대 플리니우스의 글에도 주목으로 만든 '여행자의 술잔'에 와인을 따라주면 그 술을 마신 사람들을 중독시킬 수 있다는 내용이 나온다.

그래도 정원의 주목을 다 제거하기 전에 다른 이야기도 들어보자.

1960년대 초, 미국 국립암센터 연구진은 주목 추출액에 강력한 항암 효과가 있다는 사실을 알아냈다. 그래서 주목의 추출 물질인 파클리탁셀 또는 택솔을 이용해 난소암, 유방암, 폐암을 치료하며 그 밖의 다른 암에도 효과를 보고 있다. 라임허스트 같은 회사들도 영국 정원의 생울타리에 쓰인 주목 자투리를 모아 의약 사업에 활용한다. 그뿐만 아니라 연구에 의하면 주목은 흙 속에 이런 성분을 분비하기 때문에 나무를 해치지 않고도 항암 성분을 추출할 수 있다고 한다.

➣ 관련 식물 ➤ 일본주목Taxus cuspidata은 일본이 원산이지만, 북미 전역에서도 자라고 있다. 태평양주목Taxus brevifolia은 미국 서부에서 볼 수 있으며, 캐나다주목Taxus canadensis은 캐나다와 미국 동부에 서식하는데 미국주목American yew이나 그라운드 햄록ground hemlock이라는 이름으로 부르기도 한다.

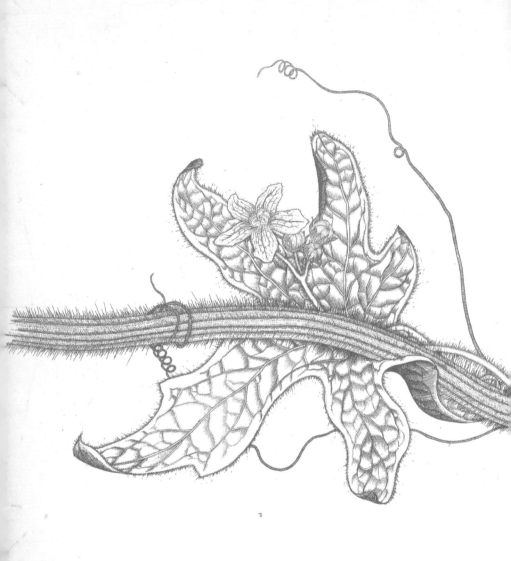

해독제

20세기에는 이페칵 시럽을 중독 사고 치료제로 추천했다. 이페칵은 브라질에서 꽃을 피우는 관목인 사이코트리아 이페카쿠안하Psychotria ipecacuanha의 뿌리로 만든다. 이페칵 시럽은 강력한 구토제로 독성을 배출하도록 유도하므로, 어린아이가 있는 가정이라면 어디나 중독 사고를 대비한 상비약으로 구비하고 있다.

그러나 미국 소아과학회 등 의료단체는 의사 또는 미국 중독관리센터의 처방이 없으면 이페칵 사용을 자제해야 한다고 권고하고 있다. 실제로 폭식증 환자들이 이 시럽을 남용했고, 미국의 가수 카렌 카펜터를 죽음으로 이끌었다. 이페칵은 일부 유명한 중독 사건에서도 사용된 바 있다. 예를 들어, 뮌하우젠 증후군*을 앓는 부모가 주변의 관심을 끌기 위해 자기 아이를 중독시키는 사건을 일으킨 적도 있다. 의사들은 이페칵을 가정상비약으로 사용할 경우 치료만 늦어지고 증상이 드러나지 않을 수 있으니 오히려 그보다는 미국 중독관리센터로 신고하거나 곧 바로 병원을 찾는 것이 중독 사고 대처에 더 효과적이라고 설명한다.

---

* 아프다는 거짓말이나 자해 등을 통해 남의 관심을 끌려는 정신질환이다.

독초들의 정원

안윅 유독식물 정원   ALNWICK POSION GARDENS

영국 노섬벌랜드에 있으며 사악한 식물들을 볼 수 있는 세계 최고의 정원이다. 해리포터 영화의 팬들이라면 시리즈 첫 두 편에 나와 호그와트로 등장한 중세 안윅성을 기억할 것이다. 바로 그 성을 둘러싼 곳이 바로 사리풀, 벨라돈나, 담배, 대마가 넘쳐나는 정교한 유독식물 정원이다. 꼭 방문해 보길 바란다. 자세한 사항은 www.alnwickgarden.com을 방문하거나 +44 (0)1665-511350에 문의하면 된다.

파도바 식물원   BOTANICAL GARDEN OF PADUA

이탈리아 베네치아 근처의 파도바에 있는 세계에서 제일 오래된 대학식물원이다. 유독식물 종류가 매우 인상적이다. 자세한 사항은 www.ortobotanico.unipd.it/eng/index.htm을 방문하거나 +39-049-8272119에 문의하면 된다.

첼시 약용정원   CHELSEA PHYSIC GARDEN

런던 심장부에 자리한, 성벽으로 둘러싸인 수백 년 역사의 약용정원이다. 약용식물과 유독식물을 다수 보유하고 있으며, 아름답기로 이름난 '오더 베드 order bed' 정원은 식물들이 서로 어떻게 연관돼 있는지 보여준다. 자세한 사항은 www.chelseaphysicgarden.co.uk을 참고하거나 +44 (0)20-7352-5646에 문의하면 된다.

몬트리올 식물원   MONTREAL BOTANICAL GARDEN

세계적 수준의 식물원으로 소규모의 유독식물 정원과 약용식물 정원을 갖추고 있다. 이곳에서는 덩굴옻나무도 볼 수 있다. 자세한 사항은 www2.ville. montreal.qc.ca/jardin/en/menu.htm을 참고하거나 (514)872-1400에 문의하면 된다.

무터 박물관   MUTTER MUSEUM

필라델피아 외과 대학에는 섬뜩한 의학사를 다루는 박물관이 있다. 고대 의료장비와 병리학 표본뿐만 아니라 흥미로운 식물들로 가득한 약용정원도 있다. 자세한 사항은 www.collphyphil.org을 방문하거나 (215)563-3737에 문의하면 된다.

W. C. 무엔셔 유독식물 정원
W. C. MUENSCHER POISONOUS PLANTS GARDEN

코넬 대학은 뉴욕 이타카에 수의학 학교의 일부 시설로 유독식물 정원을 운영한다. 이곳 식물 대부분은 북미 원예가들에게도 익숙하다. 시설 운영 목적은 수의학 전공 학생들에게 동물들이 쉽게 접하는 식물을 가르치는 데 있다. 자세한 사항은 www.plantations.cornell.edu을 참고하고 (607)255-2400에 문의하면 된다.

참고문헌

Brickell Christopher, *The American Horticultural Society A–Z Encyclopedia of Garden Plants*, New York: DK Publishing, 2004

Brown Tom Jr, *Tom Brown's Guide to Wild Edible and Medicinal Plants*, New York: Berkley Books, 1985

Bruneton Jean, *Toxic Plants Dangerous to Humans and Animals*, Secaucus, NJ: Lavoisier Publishing, 1999

Foster Steven, *Venomous Animals and Poisonous Plants*, New York: Houghton Mifflin, 1994

Frohne Dietrich, *Poisonous Plants: A Handbook for Doctors, Pharmacists, Toxicologists, Biologists and Veterinarians*, Portland, OR: Timber Press, 2005

Kingsbury John, *Poisonous Plants of the United States and Canada*, Englewood Cliffs, NJ: Prentice Hall, 1964

Klaassen Curtis, *Casarett & Doull's Toxicology: The Basic Science of Poisons*, New York: McGraw-Hill Professional, 2001

Turner Nancy, *Common Poisonous Plants and Mushrooms of North America*, Portland, OR: Timber Press, 1991

Van Wyk Ben-Erik, *Medicinal Plants of the World, Portland*, OR: Timber Press, 2004

추가 참고도서

Adams Jad, *Hideous Absinthe: A History of the Devil in a Bottle*, Madison: University of Wisconsin Press, 2004

Anderson Thomas, *The Poison Ivy, Oak & Sumac Book: A Short Natural History and Cautionary Account*, Ukiah, CA: Acton Circle Publishing, 1995

Attenborough David, *The Private Life of Plants: A Natural History of Plant Behaviour*, Princeton, NJ: Princeton University Press, 1995

Balick Michael, *Plants, People and Culture: The Science of Ethnobotany*, New York: Scientific American Library, 1996

Booth Martin, *Cannabis: A History*, New York: St. Martin's Press, 2003

Booth Martin, *Opium: A History*, New York: Thomas Dunne, 1998

Brickhouse Thomas, *The Trial and Execution of Socrates*, New York: Oxford University Press, 2001

Cheeke Peter R, *Toxicants of Plant Origin. Vol. I, Alkaloids*, Boca Raton, FL: CRC Press, 1989

Conrad Barnaby, *Absinthe: History in a Bottle*, San Francisco: Chronicle Books, 1988

Crosby Donald, *The Poisoned Weed : Plants Toxic to Skin*, New York: Oxford University Press, 2004

D'Amato Peter, *The Savage Garden: Cultivating Carnivorous Plants*, Berkeley, CA: Ten Speed Press, 1998

Everist Selwyn, *Poisonous Plants of Australia*, Sydney, Australia: Angus and Robertson, 1974

Gately Iain, *Tobacco: The Story of How Tobacco Seduced the World*, New York: Grove Press, 2001

Gibbons Bob, *The Secret Life of Flowers*, London: Blandford, 1990

Grieve M, *A Modern Herbal* Vols. 1 and 2, New York: Dover, 1982

Hardin James, *Human Poisoning from Native and Cultivated Plants*, Durham, NC: Duke University Press, 1974

Hartzell Hal Jr. *The Yew Tree: A Thousand Whispers*, Eugene, OR: Hulogosi, 1991

Hodgson Barbara, *In the Arms of Morpheus: The Tragic History of Laudanum, Morphine, and Patent Medicines*, Buffalo, NY: Firefly Books, 2001

Hodgson Barbara, *Opium: A Portrait of the Heavenly Demon*, San Francisco: Chronicle Books, 1999

Jane Duchess of Northumberland, *The Poison Diaries*, New York: Harry N. Abrams, 2006

Jolivet Pierre, *Interrelationship between Insects and Plants*, Boca Raton, FL: CRC Press, 1998

Lewin Louis, *Phantastica: A Classic Survey on the Use and Abuse of Mind-Altering Plants*, Rochester, VT: Park Street Press, 1998

Macinnis Peter, *Poisons: From Hemlock to Botox to the Killer Bean of Calabar*, New York: Arcade Publishing, 2005

Mayor Adrienne, *Greek Fire, Poison Arrows, and Scorpion Bombs: Biological and Chemical Warfare in the Ancient World*, Woodstock, NY: Overlook Duckworth, 2003

Meinsesz Alexandre, *Killer Algae*, Chicago: University of Chicago Press, 1999

Ogren Thomas, *Allergy-Free Gardening*, Berkeley, CA: Ten Speed Press, 2000

Pavord Anna, *The Naming of Names: The Seach for Order in the World of Plants*, New York: Bloomsbury, 2005

Pendell Dale, *Pharmakodynamis Stimulating Plants, Potions, and Herbcraft: Excitantia and Empathogenica*, San Francisco: Mercury House, 2002

Rocco Fiammetta, *Quinine: Malaria and the Quest for a Cure That Changed the World*, New York: HarperCollins, 2003

Schiebinger, Londa. *Plants and Empire: Colonial Bioprospecting in the Atlantic World*, Cambridge, MA: Harvard University Press, 2004

Spinella Marcello, *The Psychopharmacology of Herbal Medicine: Plant Drugs That Alter*

Mind, Brain, and Behavior, Cambridge, MA: The MIT Press, 2001

Stuart David, *Dangerous Garden: The Quest for Plants to Change Our Lives*, Cambridge, MA: Harvard University Press, 2004

Sumner Judith, *The Natural History of Medicinal Plants*, Portland, OR: Timber Press, 2000

Talalaj S. D. Talalaj and J. Talalaj, *The Strangest Plants in the World*, London: Hale, 1992

Timbrell John, *The Poison Paradox*, New York: Oxford University Press, 2005

Todd Kim, *Chrysalis: Maria Sibylla Merian and the Secrets of Metamorphosis*, New York: Harcourt, 2007

Tompkins Peter, *The Secret Life of Plants*, New York: Harper Perennial, 1973

Wee Yeow Chin, *Plants That Heal, Thrill and Kill*, Singapore: SNP Reference, 2005

Wilkins Malcom, *Plantwatching: How Plants Remember, Tell Time, Form Relationships, and More*, New York: Facts on File, 1988

Wittles Betina, *Absinthe: Sip of Seduction; A Contemporary Guide*, Denver, CO: Speck Press, 2003

사악한 식물들

초판인쇄 2021년 10월 15일
초판발행 2021년 10월 22일

지은이 에이미 스튜어트 조녀선 로젠
옮긴이 조영학
펴낸이 강성민
편집장 이은혜
기획 노만수
편집 김진아
마케팅 정민호 김도윤
홍보 김희숙 함유지 김현지 이소정 이미희

펴낸곳 (주)글항아리 | **출판등록** 2009년 1월 19일 제406-2009-000002호

주소 413-120 경기도 파주시 회동길 210
전자우편 bookpot@hanmail.net
전화번호 031-955-2696(마케팅) 031-955-1936(편집부)

ISBN 978-89-6735-948-5 03480

잘못된 책은 구입하신 서점에서 교환해드립니다.
기타 교환 문의 031-955-2661, 3580

www.geulhangari.com